—UI设计从业必读—

Photoshop + Adobe XD + Illustrator
移动UI设计教程

张晓景　编著

电子工业出版社
Publishing House of Electronics Industry
北京·BEIJING

内容简介

本书主要讲解了iOS系统和Android系统两种移动设备系统界面的结构及设计规范，全面解析了移动端App界面的设计流程及技巧。本书还介绍了如何使用Adobe XD、Photoshop、PxCook和Cutterman等主流软件进行UI设计制作。

本书共6章。第1章主要讲解移动UI设计基础；第2章主要讲解iOS系统界面设计；第3章主要讲解Android系统界面设计；第4章主要讲解移动UI图标设计；第5章主要讲解iOS系统界面应用设计；第6章主要讲解Android系统界面应用设计。

本书将提供全部案例的素材、源文件和教学视频，读者可以结合书、练习文件和教学视频，提升移动端App界面设计的学习效率。

本书适合UI设计爱好者、App界面设计从业者、移动UI设计从业者阅读，也适合作为各院校相关设计专业的参考教材。

图书在版编目（CIP）数据

Photoshop+Adobe XD+Illustrator 移动 UI 设计教程 / 张晓景编著 . —北京：电子工业出版社，2021.8
（UI 设计从业必读）

ISBN 978-7-121-41431-2

Ⅰ . ① P… Ⅱ . ①张… Ⅲ . ①网页—设计—教材 Ⅳ . ① TP393.092.2

中国版本图书馆 CIP 数据核字（2021）第 122520 号

责任编辑：陈晓婕 　　　　　　特约编辑：田学清
印　　刷：北京市大天乐投资管理有限公司
装　　订：北京市大天乐投资管理有限公司
出版发行：电子工业出版社
　　　　　北京市海淀区万寿路 173 信箱　　　邮编：100036
开　　本：787×1092　　1/16　　印张：12.75　　字数：326 千字
版　　次：2021 年 8 月第 1 版
印　　次：2021 年 8 月第 1 次印刷
定　　价：89.80 元

凡所购买电子工业出版社图书有缺损问题，请向购买书店调换。若书店售缺，请与本社发行部联系，联系及邮购电话：（010）88254888，88258888。

质量投诉请发邮件至 zlts@phei.com.cn，盗版侵权举报请发邮件至 dbqq@phei.com.cn。

本书咨询联系方式：（010）88254161 ~ 88254167 转 1897。

随着科技不断发展，各种通信及网络连接设备与大众生活的联系日益密切，手机功能也越来越强大，手机的软件系统已成为用户直接操作的主体，因为它以美观实用、操作便捷为用户所青睐，所以用户界面设计的规范性就显得尤为重要，从而促进了UI设计行业的兴盛，iOS系统和Android系统就是其中的佼佼者。

本书主要依据iOS和Android两种操作系统的组成元素，由浅入深地讲解初学者需要掌握的基础知识和操作技巧，全面解析各种元素的具体绘制方法。本书通过制作商业综合案例，详细介绍了App制作的流程和技巧，使读者能轻松学习并掌握。

内容安排

本书共6章，以下是每个章节中所包含的内容。

第1章　移动UI设计基础，主要讲解移动UI设计的平台分类、移动UI的设计内容，还介绍了移动UI设计常用软件、UI设计的工作流程和互联网产品职位划分等。

第2章　iOS系统界面设计，主要讲解分辨率与界面设计尺寸、iOS系统的组件尺寸、iOS系统文字设计规范、iOS系统图标设计规范、iOS系统内容布局、iOS系统版式设计规范、iOS系统设计适配、iOS切图规范和提交最终文件等。

第3章　Android系统界面设计，主要讲解Android系统"碎片化"、Android系统界面设计尺寸、Android系统组件设计尺寸、Android系统文字设计规范、Android系统中图标设计规范、Android界面标注与切图、Android系统界面适配问题和如何做到一稿两用等。

第4章　移动UI图标设计，主要讲解图标设计基础、图标栅格系统、图标的渲染风格、图标的透视、图标集的制作流程、移动UI图标设计形式、启动图标设计、标签栏图标设计和图标设计的优点与原则等。

第5章　iOS系统界面应用设计，主要讲解如何设计制作旅游App界面、外卖App界面和播放器App界面，从色彩搭配、界面布局、设计制作和适配输出多个方面讲解案例的制作流程和技巧。

第6章　Android系统界面应用设计，主要讲解如何设计制作商城App界面和社交App界面，从色彩搭配、界面布局、设计制作和适配输出多个方面讲解案例的制作流程和技巧。

本书主要根据读者学习的难易程度，以及在实际工作中的应用需求来安排章节，真正做到为读者考虑，让不同程度的读者更有针对性地学习本书内容，强化自己的弱项，并能够有效帮助UI设计爱好者提高操作效率。

本书的知识点结构清晰、内容有针对性、实例精美实用，适合大部分UI设计爱好者与设计专业的学生阅读。随书附赠书中所有实例的教学视频、素材和源文件，用于补充书中遗漏的细节内容，方便读者学习和参考。

本书特点

本书采用理论知识与操作案例相结合的教学方式，全面向读者介绍不同类型质感的处理和表现的相关知识，以及所需的操作技巧。

● 通俗易懂的语言

本书采用通俗易懂的语言，向读者全面介绍各种类型的iOS系统和Android系统界面设计所需的基础知识和操作技巧，确保读者能够理解并掌握相应的功能与操作。

● 基础知识与操作案例结合

本书摒弃传统教科书的纯理论式教学，采用"基础知识+操作案例"相结合的讲解模式。

● 最新技术与软件

本书的案例采用最新的制作软件Adobe XD完成移动UI的设计及原型的展示，使用Photoshop完成多个案例的制作，并使用PxCook和Cutterman分别完成标注和切图操作，与目前行业使用的软件一致。

● 多媒体资源包辅助学习

为了增加读者的学习渠道，增强读者的学习兴趣，本书配有多媒体教学资源包。教学资源包中提供本书所有实例的相关素材和源文件，以及书中所有实例的教学视频，读者可以跟着本书学习相关的知识，并能够快速应用于实际工作中。

读者对象

本书适合UI设计爱好者、移动UI设计从业者和想进入UI设计领域的读者朋友，以及设计专业的学生阅读，同时对专业设计人士也有很高的参考价值。希望读者通过本书的学习，能够早日成为优秀的UI设计师。

本书在写作过程中力求严谨，由于时间有限，书中的疏漏之处在所难免，望广大读者批评指正。

编著者

CONTENTS 目录

第1章 移动UI设计基础

1.1 UI设计与移动UI设计 ·············· 1
1.1.1 了解 UI 设计 ················ 1
1.1.2 了解移动 UI 设计 ············ 2
1.1.3 移动 UI 与平面 UI ·········· 3
1.2 移动UI设计的平台类型 ·········· 4
1.2.1 Android 系统 ················ 5
1.2.2 iOS 系统 ···················· 6
1.2.3 Wear OS 系统和 Watch OS 系统 ···· 7
1.3 移动UI的设计内容 ·············· 8
1.3.1 配色方案的设计 ············ 8
1.3.2 页面布局的设计 ············ 10
1.3.3 按钮和图标的设计 ·········· 12
1.3.4 文字和版式的设计 ·········· 15
1.4 了解移动UI设计常用的软件 ········· 16

1.4.1 Axure RP 和 Adobe XD ········ 16
1.4.2 Photoshop 和 Sketch ········ 17
1.4.3 PxCook 和 Assistor PS ········ 18
1.5 了解UI设计的工作流程 ·········· 19
1.5.1 需求分析 ················ 19
1.5.2 交互设计 ················ 22
1.5.3 视觉设计 ················ 25
1.6 了解互联网产品职位划分 ·········· 26
1.6.1 产品经理 ················ 27
1.6.2 项目经理 ················ 27
1.6.3 页面设计师 ·············· 27
1.6.4 开发人员 ················ 27
1.7 本章小结 ···················· 28

第2章 iOS系统界面设计

2.1 分辨率与界面设计尺寸 ·········· 29
2.1.1 像素与分辨率 ············ 29
2.1.2 iOS 系统界面设计尺寸 ········ 30
实战练习01——使用 Photoshop 新建 App 文件 ···· 30
2.2 iOS系统的组件尺寸 ············ 32
2.2.1 组件尺寸 ················ 32
2.2.2 边距和间距 ·············· 32
实战练习02——创建辅助线绘制 iOS 组件 ··· 35
2.3 iOS系统文字设计规范 ·········· 36
2.3.1 字体 ···················· 36
2.3.2 字号 ···················· 37
2.3.3 颜色和字重 ·············· 38
2.4 iOS系统图标设计规范 ·········· 39
2.5 iOS系统图片设计规范 ·········· 40
2.5.1 图片的比例 ·············· 40
2.5.2 图片的格式 ·············· 41
2.6 iOS系统内容布局 ·············· 42

2.6.1 列表式布局 ·············· 42
2.6.2 陈列馆式布局 ············ 42
2.6.3 宫格式布局 ·············· 43
2.6.4 卡片式布局 ·············· 43
2.7 iOS系统版式设计规范 ·········· 44
实战练习03——设计制作 iOS 系统 App 版面 ···· 45
2.8 iOS系统设计适配 ·············· 47
2.8.1 向下适配 ················ 47
2.8.2 向上适配 ················ 49
2.9 iOS切图规范 ················ 50
2.9.1 切图输出 ················ 51
实战练习04——使用 Photoshop 切图输出 ···· 52
2.9.2 切片命名规范 ············ 54
2.9.3 设计稿标注 ·············· 55
2.10 提交最终文件 ················ 58
2.11 本章小结 ···················· 58

第3章 Android系统界面设计

3.1 了解Android系统"碎片化" ········· 59
3.2 Android系统界面设计尺寸 ········· 60
3.2.1 了解屏幕密度的概念 ········· 60
3.2.2 Android 系统开发单位 ········ 61
3.2.3 Android 系统界面设计尺寸 ····· 61
实战练习01——使用 Adobe XD 创建 Android 文档 ···· 62
3.3 Android系统组件设计尺寸 ·········· 64

3.3.1 Android 系统组件尺寸 ········· 64
3.3.2 Android 系统的元素间距 ········ 64
实战练习02——创建 Android 系统界面的组件 ··· 65
3.4 Android系统文字设计规范 ·········· 66
3.4.1 字体 ···················· 66
3.4.2 字号 ···················· 67
3.5 Android系统中图标设计规范 ········· 67
3.5.1 图标尺寸 ················ 69

3.5.2 触摸反馈 ·········· 70

实战练习 03——绘制 Android App 界面结构 ······ 70

3.6 Android界面标注与切图 ·········· 73

3.6.1 Android 界面的标注 ·········· 73

3.6.2 Android 界面的切图 ·········· 74

3.6.3 "点 9" 切图的应用 ·········· 75

3.7 Android系统界面适配问题 ·········· 79

3.7.1 采用哪种分辨率设计 ·········· 79

3.7.2 设计师需要提供几套切图 ·········· 79

3.7.3 界面设计中字体的应用技巧 ·········· 79

3.8 如何做到一稿两用 ·········· 80
3.9 本章小结 ·········· 80

第4章 移动UI图标设计

4.1 图标设计基础 ·········· 81

4.1.1 图标设计的必要性 ·········· 81

4.1.2 影响图标的属性 ·········· 82

4.1.3 好图标的特点 ·········· 85

4.2 了解图标栅格系统 ·········· 85

4.2.1 系统图标栅格 ·········· 86

4.2.2 不同造型图标的栅格规范 ·········· 86

4.3 图标的渲染风格 ·········· 88
4.4 图标的透视 ·········· 91

4.4.1 关于透视 ·········· 91

4.4.2 绘制零点透视图标 ·········· 91

实战练习 01——绘制零点透视图标 ·········· 92

4.4.3 绘制一点透视图标 ·········· 93

实战练习 02——绘制一点透视图标 ·········· 94

4.4.4 绘制两点透视图标 ·········· 95

实战练习 03——绘制两点透视图标 ·········· 96

4.5 图标集的制作流程 ·········· 97

4.5.1 创建制作清单 ·········· 98

4.5.2 设计草图 ·········· 98

4.5.3 数字呈现 ·········· 98

4.5.4 确定最终效果 ·········· 99

4.5.5 命名并导出 ·········· 99

4.6 移动UI图标设计形式 ·········· 99

4.6.1 中文形式 ·········· 99

4.6.2 英文形式 ·········· 101

4.6.3 图形形式 ·········· 102

4.6.4 数字和特殊符号形式 ·········· 102

4.7 启动图标设计 ·········· 103

4.7.1 启动图标设计要求 ·········· 103

4.7.2 启动图标设计规范 ·········· 104

实战练习 04——设计制作 iOS 指南针启动图标 ·········· 104

4.7.3 快速索引、设置页面和通知图标 ·········· 107

4.8 标签栏图标设计 ·········· 107

实战练习 05——设计制作标签栏图标 ·········· 108

4.9 图标设计的优点与原则 ·········· 111
4.10 本章小结 ·········· 112

第5章 iOS系统界面应用设计

5.1 设计制作旅游App界面 ·········· 113

5.1.1 旅游 App 界面布局分析 ·········· 113

实战练习 01——设计制作旅游 App 界面布局 ·········· 114

5.1.2 旅游 App 界面色彩搭配分析 ·········· 115

5.1.3 旅游 App 界面元素分析 ·········· 116

实战练习 02——设计制作旅游 App 界面 ·········· 118

5.1.4 旅游 App 界面输出分析 ·········· 123

实战练习 03——旅游 App 界面适配 ·········· 123

5.2 设计制作外卖App界面 ·········· 125

5.2.1 外卖 App 界面布局分析 ·········· 125

实战练习 04——设计制作外卖 App 界面布局 ·········· 126

5.2.2 外卖 App 界面色彩搭配分析 ·········· 127

5.2.3 外卖 App 界面元素分析 ·········· 128

实战练习 05——设计制作外卖 App 登录界面 ·········· 129

实战练习 06——设计制作外卖 App 主页界面 ·········· 134

5.2.4 外卖 App 界面输出分析 ·········· 138

实战练习 07——外卖 App 界面适配 ·········· 139

5.2.5 外卖 App 界面交互效果分析 ·········· 140

实战练习 08——设计制作外卖 App 交互原型 ·········· 141

5.3 设计制作播放器App界面 ·········· 143

5.3.1 播放器 App 界面图标组 ·········· 143

实战练习 09——设计制作播放器 App 界面图标组 ·········· 144

5.3.2 设计制作播放器 App 界面 ·········· 146

实战练习 10——设计制作播放器 App 界面 ·········· 147

5.3.3 输出适配播放器 App 界面 ·········· 152

实战练习 11——输出播放器 App 界面 ·········· 152

5.3.4 标注适配播放器 App 界面 ·········· 154

5.4 本章小结 ·········· 158

第6章　Android系统界面应用设计

6.1　设计制作商城App界面 ……………… 159

　　6.1.1　商城 App 界面布局分析 ………………… 159

　　实战练习 01——设计制作商城 App 界面布局 … 160

　　6.1.2　商城 App 界面色彩搭配分析 …………… 162

　　6.1.3　商城 App 界面元素分析 ………………… 163

　　实战练习 02——设计制作商城 App 首页界面 … 165

　　6.1.4　商城 App 界面输出分析 ………………… 173

　　实战练习 03——商城 App 界面适配 ………… 174

6.2　设计制作社交App界面 ……………… 177

　　6.2.1　社交 App 界面设计同质化分析 ………… 177

　　实战练习 04——设计制作社交 App "推荐"

　　界面 …………………………………………… 178

6.2.2　社交 App 界面边距的设置分析 ………… 183

实战练习 05——设计制作社交 App "自己"

界面 ……………………………………………… 183

6.2.3　社交 App 界面交互设计分析 ………… 187

实战练习 06——设计制作社交 App "信息"

界面 ……………………………………………… 188

6.2.4 社交 App 界面标注和输出 …………………… 192

实战练习 07——输出和标注社交 App 界面 …… 193

6.3　本章小结 ……………………………… 196

读 者 服 务

　　读者在阅读本书的过程中如果遇到问题，可以关注"有艺"公众号，通过公众号中的"读者反馈"功能与我们取得联系。此外，通过关注"有艺"公众号，您还可以获取艺术教程、艺术素材、新书资讯、书单推荐、优惠活动等相关信息。

扫一扫关注"有艺"

资源下载方法：关注"有艺"公众号，在"有艺学堂"的"资源下载"中获取下载链接，如果遇到无法下载的情况，可以通过以下三种方式与我们取得联系：

1. 关注"有艺"公众号，通过"读者反馈"功能提交相关信息；

2. 请发邮件至 art@phei.com.cn，邮件标题命名方式：资源下载 + 书名；

3. 读者服务热线：（010）88254161~88254167 转 1897。

投稿、团购合作：请发邮件至 art@phei.com.cn。

第1章 移动UI设计基础

移动UI设计可以理解为智能手机、平板电脑和智能手表等移动终端中软件的人机交互、操作逻辑、界面美观的整体设计。好的UI设计不仅可以让软件变得有个性、有品位，还会让软件的操作变得舒适、简单和自由，能够充分体现软件的定位和特点。本章将针对移动UI设计中的基础知识进行讲解，帮助读者快速了解移动UI设计的基础知识。

   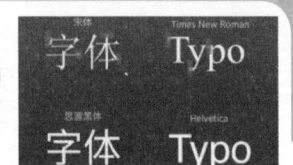

1.1 UI设计与移动UI设计

要想设计出好的移动UI作品，首先要了解UI的基础概念。了解UI设计的基础概念后，可以帮助设计师从本质上理解UI设计的内容和原理，充分发挥设计师的个人设计理念，设计出更多既符合行业需求，又满足用户需求的作品。

1.1.1 了解UI设计

UI即User Interface的简称。UI设计则是指对软件的人机交互、操作逻辑、界面美观的整体设计。好的UI设计能够充分体现软件的定位和特点。

UI设计的范围很广，大到Windows操作系统，小到输入法软件，都有UI设计的身影。常见的银行取款机界面、排队机界面也都是UI设计的范畴，如图1-1所示。

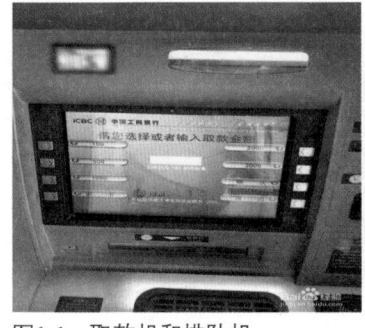 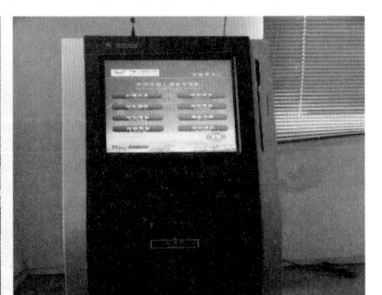

图1-1　取款机和排队机

UI设计按照其职能划分可以分为图形设计、交互设计和用户测试/研究，如图1-2所示。

图1-2　UI设计职能划分

图形设计通常指的是软件产品的"外形"设计。

交互设计主要设计软件的操作流程、树状结构和操作规范等。交互设计是UI设计中最重要的环节，通常一个软件产品在编码之前需要完成的就是交互设计，并确立交互模型和交互规范。

用户测试/研究则用来测试交互设计的合理性和图形设计的美观性，其主要通过目标用户问卷调查的形式来衡量UI设计的合理性。

> 如果没有对 UI 设计进行测试 / 研究，那么 UI 设计的好坏只能凭借设计师或领导的审美来评判，这样会为项目带来极大的风险。

1.1.2 了解移动UI设计

移动UI设计通常指的是智能手机、平板电脑和智能手表等移动设备中应用程序的UI设计。常见的移动设备如图1-3所示。

智能手机　　　平板电脑　　　　　　　　　　　智能手表

图1-3　常见的移动设备

移动设备中的应用程序就是指被用户经常提起的App。App是Application的缩写，主要是指安装在智能手机上的软件，用来完善原始系统的不足并增加个性化，为用户提供更丰富的使用体验，淘宝和12306都是移动设备中的App，如图1-4所示。

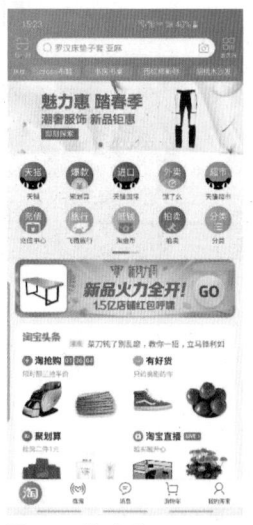

图1-4　淘宝和12306 App

用户在选择移动端软件时，通常会选择界面视觉清晰，并具有良好体验的应用软件。目前市场上的移动应用软件非常多，但这些软件良莠不齐，界面各异。如何满足用户需求，如何使自己的软件盈利，这都是UI设计师需要考虑的内容。

1.1.3　移动UI与平面UI

平面UI设计的范围非常广，包括绝大多数的UI领域。而移动UI设计主要是指智能手机和平板电脑的客户端。从设计的角度来说，二者在屏幕尺寸、设计规范和UI交互操作上都有很大的不同。

● 屏幕尺寸不同

移动设备的屏幕一般都比较小，且受到不同系统的限制，因此每一个页面中所放的东西较少，需要通过多层级的方式扩充内容。而平面UI则没有这个顾虑，每一页中都尽量多放东西，从而减少层级。例如，PC端的淘宝店铺，整个页面尺寸较大，可放的空间也大，用户只需要通过二级页面就可以看到想要找的内容，如图1-5所示。

图1-5　淘宝PC端页面

而移动端的淘宝店铺层级较多，用户想要找到感兴趣的商品，往往需要一层一层查找，如图1-6所示，点击了"天猫"栏目后只是进入了天猫页面。

图1-6　淘宝移动端页面

● 设计规范不同

平面UI通常使用鼠标操作，而移动端UI使用手指操作。鼠标操作的精度非常高，手指操作的精确度则相对较低。因此平面UI的图标一般都比较小，而移动端的图标则要大很多。微信PC端和移动端图标大小的对比如图1-7所示。

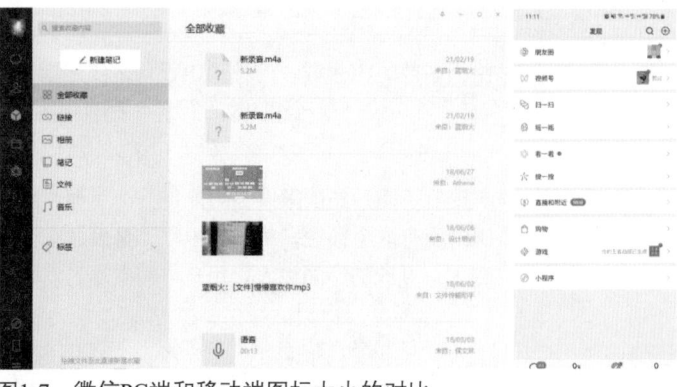

图1-7　微信PC端和移动端图标大小的对比

● UI交互操作不同

平面UI中可以展现的UI交互操作方式更多，例如单击、双击、按住、移入、移除、右击和滚轮等多种操作；而移动端的功能相对较弱，只能实现点击、按住和滑动等操作。

例如移动端爱奇艺视频，在屏幕的左边上下滑动可以调整亮度，在屏幕的右边上下滑动可以调整声音，在屏幕的下面左右滑动进度条可以调整视频的进度，双击屏幕可以暂停播放。移动端爱奇艺界面如图1-8所示。

图1-8　移动端爱奇艺界面

PC端的爱奇艺视频，则通过单击、双击、右击和滚轮进行多种操作。PC端爱奇艺界面如图1-9所示。

图1-9　PC端爱奇艺界面

提示　　除了以上所讲的不同，平面 UI 与移动 UI 还有很多地方是不同的，例如图片的格式、切片输出要求等，在后面的章节中会逐一详细讲解。

1.2　移动UI设计的平台类型

移动UI设计主要为移动设备设计界面，因此会受到移动设备所采用的不同系统的影响。目前智能手机和平板电脑的主流系统平台是Android系统和iOS系统，智能手表的系统平台为Wear OS系统和Watch OS系统。

1.2.1 Android系统

Android公司于2003年在美国加州成立，2005年被Google公司收购。Android是一种以Linux为基础的开放源码操作系统，主要应用于移动设备。2010年年末的数据显示，仅正式推出两年的Android操作系统已经超越了塞班系统，一跃成为全球非常受欢迎的智能手机操作系统。

 塞班系统是塞班公司为手机设计的操作系统。2008年被诺基亚收购。由于缺乏新技术支持，塞班系统的市场份额日益萎缩。2013年1月，诺基亚官方宣布放弃塞班品牌，同时不再发布塞班系统手机。

Android系统用甜点名称为系统的各个版本进行命名，从Android 1.5发布开始，作为每个版本代表的甜点尺寸越来越大。从Android 1.5开始到Android 9.0，依次为纸杯蛋糕、甜甜圈、松饼、冻酸奶、姜饼、蜂巢、果冻豆、奇巧巧克力、棒棒糖、棉花糖、牛轧糖、奥利奥、派。甜甜圈和姜饼的图标如图1-10所示。

图1-10 甜甜圈和姜饼的图标

相对于iOS系统，Android系统具有系统开源、跨平台性及应用丰富的特点。

● 系统开源

Android系统的底层使用Linux内核、GPL许可证，这也就意味着相关的代码必须是开源的。开源带来的是快速流行的能力与较低的学习成本。各个手机厂商无须自行开发手机操作系统，因此纷纷采用Android系统，甚至可以按照自己的目的进行深度定制。例如三星的one UI系统、小米的MIUI系统，如图1-11所示。

one UI　　　　MIUI

图1-11 Android深度定制系统

开源促进了学习研究社区的迅速兴起，对开发者来说，相比iOS系统，开源使得安卓成为一个更适合研究与修改的系统，而不会受到不开源系统的限制。

开源带来的另一个很大的好处就是降低了手机厂商的成本。除去操作系统开发的高成本，Android系统厂商的手机价格可以控制在很低的水平；或者在同样价位中相对iOS系统拥有更高端的硬件配置。因此在中低端市场，安卓有着绝对的统治地位；在高端市场也与iOS系统有一较之力。可以说是Android系统实现了普通消费者也能使用智能机的梦想。

● 跨平台性

由于使用Java进行开发，Android系统继承了Java跨平台的优点。任何Android系统应用几乎无须进行修改就能运行于所有Android设备。各个Android厂商可以自行使用各种各样的硬件设备，不仅仅局限于手机、平板电脑和手表，甚至电视和各种智能家居都在使用Android系统。

跨平台也极大地方便了庞大的应用开发者群体。同样的应用，对不同的设备编写不同的程序是一件极其浪费劳动力的事情，而Android系统的出现很好地改善了这一情况。Android在系统运行库层建立了一个硬件抽象层，向上对开发者提供了硬件的抽象，从而实现了跨平台；向下也极大地方便了Android系统向各式设备的移植。

● 应用丰富

操作系统代表一个完整的生态圈，一个孤零零的系统，即使设计得再好，若没有丰富的应用支持，很难大规模流行。Android系统由于其本身开源的特点及Google公司的大力推广，很快吸引了开发者的注意。时至今日，Android系统已经积累了相当多的应用，丰富的应用使得Android系统更加流行，从而吸引更多的开发者开发更多更好的应用，形成一个良性循环。

提示　　Android 系统是一款拥有很多优点且被广泛使用的操作系统。在 Android 系统与 iOS 系统两雄逐鹿的今天，Android 系统可以说是对抗 iOS 系统垄断的唯一系统。虽然 Android 系统仍然存在一些问题，但它的发展前景是值得相信的。

1.2.2　iOS系统

iOS系统是由苹果公司为iPhone开发的操作系统。目前主要在iPhone、iPod touch和iPad上运用。它以Darwin为根底，最初被命名为iPhone OS，直到2010年6月7日，在WWDC大会上宣布改名为iOS。

从2010年开始，苹果公司逐步完善并发布iOS系统，至2018年，最新的iOS系统版本为iOS 12。iOS 6和iOS 12的界面效果如图1-12所示。

图1-12　iOS 6和iOS 12界面效果

相对于Android系统，iOS系统具有比较稳定、安全性高、整合度高和应用质量高的特点。

● 比较稳定

iOS系统是一个完全封闭的系统，不开源，但是这个系统有严格的管理体系和评审规则。由于iOS系统闭源的缘故，更多的系统进程都在苹果公司的掌控之中，因此系统运行比较流畅、稳定，不会出现像Android那样后台程序繁多并影响系统响应速度的现象。

● 安全性高

对用户来说，保障移动设备的信息安全具有十分重要的意义，不管这些信息是企业和客户信息、还是个人照片、银行信息或地址等，都必须保证其安全。苹果公司对iOS生态采取了封闭的措施，并建立了完整的开发者认证和应用审核机制，因而恶意程序基本上没有登台亮相的机会。iOS设备使用严格的安全技术和功能，使用起来十分方便。iOS设备上的许多安全功能都是默认的，无须对其进行大量的设置，某些关键性的功能，比如设备加密，则不允许配置，这样用户就不会意外关闭这项功能。

● 整合度高

iOS系统的软件与硬件的整合度相当高，使其分化大大降低，在这方面iOS系统远胜于碎片化严重的Android系统，这样也增加了整个系统的稳定性。经常使用iPhone的用户也能发现，手机很少出现死机、无响应的情况。

● 应用质量高

作为目前最流行的手机操作系统之一，iOS系统与Android系统一样，也拥有大量的用户及开发人员。但由于iOS系统的封闭性和审查制度，iOS系统中的应用相对Android系统来说，无论是界面设计还是操作流畅度，其质量都会高一些。

1.2.3　Wear OS系统和Watch OS系统

Google公司与苹果公司在智能手机市场中一直鼎足而立。随着智能设备的兴起，分别由这两家公司开发的Wear OS系统和Watch OS系统也走进大众的视野。

● Wear OS系统

Wear OS系统是Android系统的一个分支版本，专为智能手表等可穿戴的智能设备设计，首个预览版公布于2014年3月。Google智能手表如图1-13所示。

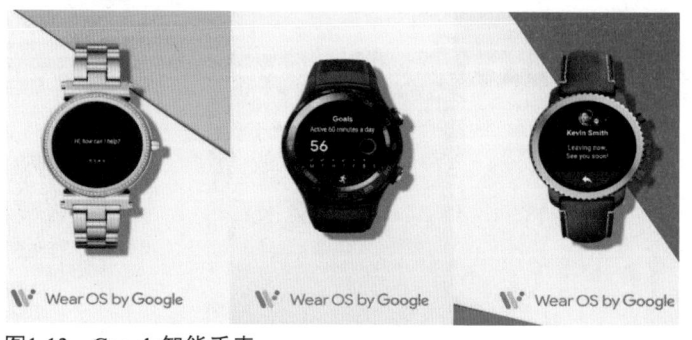

图1-13　Google智能手表

Wear OS系统支持数字助理、传感器等功能，现有众多芯片和设备合作伙伴，包括华硕、华为、三星、Intel、索尼、LG、摩托罗拉、HTC、联发科、博通、高通、MIPS等，其手表产品超过50款。目前Wear OS最新版本是2020年9月发布的Wear OS 2.8.1。

● Watch OS系统

Watch OS是苹果公司基于iOS 系统开发的一套适用于Apple watch的手表操作系统。在2014年9月的iPhone 6发布会上，苹果公司带来了它们的全新产品Apple watch并运行基于iOS的Watch OS操作系统。苹果智能手表如图1-14所示。

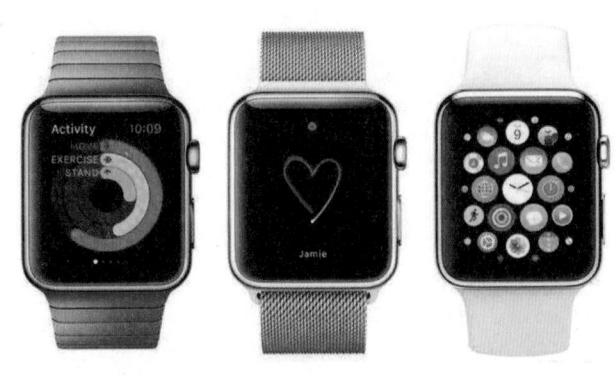

图1-14　苹果智能手表

2020年9月17日，苹果公司正式发布了Watch OS 7版本，该版本给用户带来了更丰富的健康、健身功能，更强大的Siri和更广泛的第三方App支持。

1.3　移动UI的设计内容

作为一个移动UI设计师，主要的工作内容包括什么呢？移动UI设计和传统的平面设计工作很相似，都需要考虑配色及页面布局对App产品的影响。由于移动硬件的屏幕尺寸都不大，因此，还要考虑App界面中的按钮、图标和文字的排列布局。

1.3.1　配色方案的设计

配色对任何设计作品来说都很重要，尤其是移动UI设计。好的配色是一个App界面设计成功的基础。

在开始设计一个App界面时，首先就是要根据产品的行业和受众人群确定界面的主色，然后再根据主色确定配色方案。

可以通过App的行业选择主色，因为每一种颜色都具有特定的心理效果和情感效果，会引起受众人群产生各种遐想。例如，看到绿色，就会想到教育和医疗行业；看到蓝色，就会想到科技行业；看到红色，就会想到食品和安全行业，如图1-15所示。

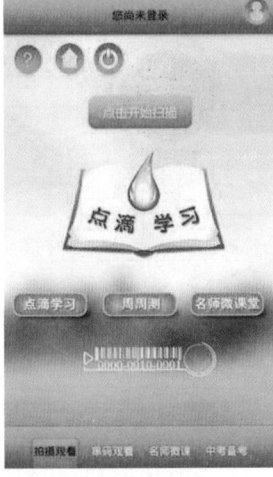  

绿色——教育行业　　　蓝色——科技行业　　　红色——食品行业

图1-15　利用色彩意象确定主色

除了根据颜色本色的色彩意象来确定主色，设计师还可以通过App项目产品或企业Logo的颜色来确定App界面的主色。

例如，中石油的Logo采用了红色和橘黄色。因此在设计与石油产业相关的App产品时，界面的主色就可以选择红色或橘黄色，如图1-16所示。

图1-16　利用Logo确定主色

确定了页面的主色以后，就可以根据主色再选择辅助色、点缀色和文字色了。无论要选择哪种颜色，都可以遵循同色搭配、临色搭配和补色搭配的标准。

● 同色搭配

同色搭配指的是使用降低了明度或纯度的主色与主色搭配。例如主色选择了蓝色，辅助色设置为浅蓝色。同色系搭配如图1-17所示。这种搭配方式会显得页面效果整洁，风格一致。同色搭配是入门级的色彩搭配方式。

图1-17　同色系搭配

● 临色搭配

临色搭配指的是使用色谱环上与主色相邻的颜色与主色搭配，例如主色选择了青色，辅助色设置为洋红色。临色系搭配如图1-18所示。

这种搭配方式能够很好地凸显页面中的内容，对比强烈，主题突出。这种搭配方式相对比较难操作，不考虑黑色和白色等中性色，建议搭配的颜色不要超过3种。

提示

配色的技巧有很多，设计师不用局限于以上几种配色方式，可以在实际的工作中不断实践，摸索出符合自己特色与风格的配色技巧。

图1-18 临色系搭配

● 补色搭配

补色搭配指的是使用色谱环上主色对面的颜色与主色搭配，例如主色选择了洋红色，辅助色设置为绿色。补色系搭配如图1-19所示。

这种搭配方式可以很好地凸显重要内容。由于补色颜色对比比较强烈，在搭配使用时要适当降低颜色的纯度或明度。在使用面积上也应适当减小，降低由于互相补色给用户视觉带来的不适感。

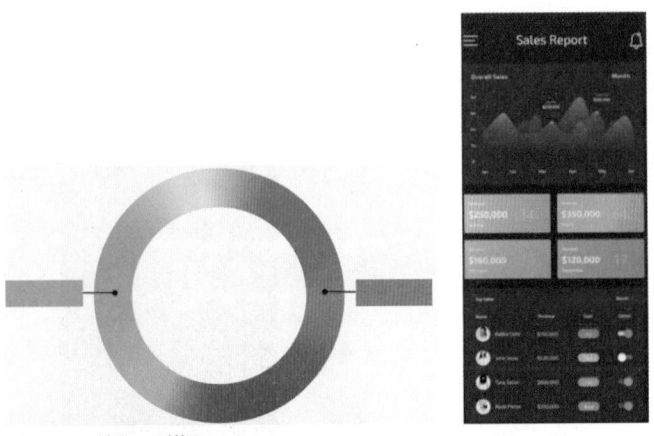

图1-19 补色系搭配

1.3.2 页面布局的设计

确定了界面的配色方案以后，设计师首先要分析项目产品的信息，并梳理清楚产品信息架构，然后选择一种非常好的方式来合理地呈现这些信息，体现产品的核心操作流程，这就是页面布局的设计。

页面布局的方式有很多种，例如列表式布局、陈列馆式布局、宫格式布局、选项卡式布局和旋转木马式布局。不同的布局方式能呈现不同的页面内容，给用户带来不同的视觉感受。由于篇幅的关系，本节只介绍常见的宫格式布局和列表式布局。其他布局方式将在后面章节中与案例一起讲解。

● 宫格式布局

宫格式布局是将不同模块以块状宫格方式沿水平方向和竖直方向布局，使产品的功能模块可以完全展示在用户面前，具有较好的延展性。

宫格式布局多以3×3的模块划分，每个模块多以"图标+文字"的形式展示，图1-20所示为芒果TV的界面。有时也呈现为卡片式宫格，图1-21所示为美图秀秀的界面。

图1-20　芒果TV的界面　　　　　图1-21　美图秀秀的界面

宫格式布局使产品拥有较多的信息模块，每个模块都具有完整的体系或较深的层级，且模块与模块之间相互独立。通过标签或分页的形式划分不同宫格组，以区分产品功能模块，如图1-22所示为支付宝界面分页划分宫格组。

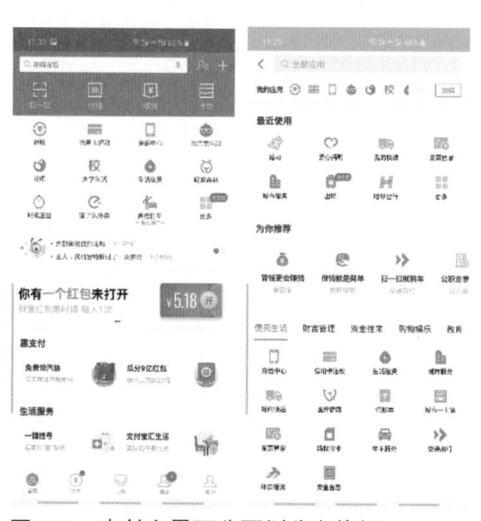

图1-22　支付宝界面分页划分宫格组

有时产品的功能较多，界面所展示的模块内容较多，因此一些产品也允许用户自行设置宫格所展示的内容。例如，支付宝就允许用户自行设置页面中显示的应用内容。

宫格式布局可以使用户直观地看到产品的各种功能模块，并且在使用过程中能够较为直接地进入某个功能模块而不需要花费过多精力去寻找，其效率较高。对于信息量较大且每个模块之间关联性较弱的产品，宫格式布局可以同时呈现出多个入口，其延展性优秀，并且可以较好地拓展信息模块，便于产品迭代。

● 列表式布局

如果产品需要有大量信息或功能展示，且在展示多个模块的同时还需要展示出每个模块相应的信息（例如新闻类App），并且需要以规整的方式呈现，此时就可以采用列表式布局。

列表式布局通常采用竖排列表的形式或采用"图标+文字"的形式，用于展示同类型或并列的元素，通过上下滑动可以查看更多列表内容，用户可接受程度较高，同时视觉上也较为规整。

对于不同种类的信息有时也采用分页的形式进行区分，同时在列表右侧展示次级信息。文字列表式布局如图1-23所示。也可以采用"标题+图片"的方式显示列表，增加页面的可读性和美观性。标题+图片的布局如图1-24所示。

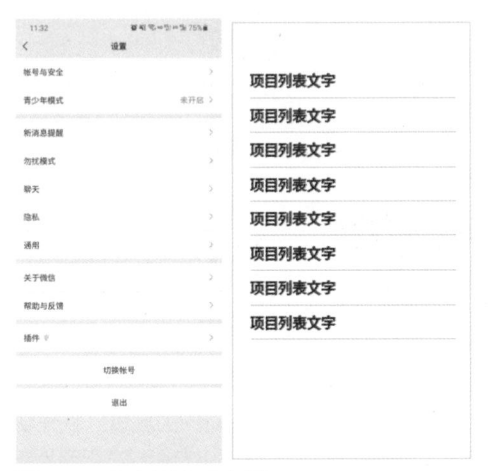 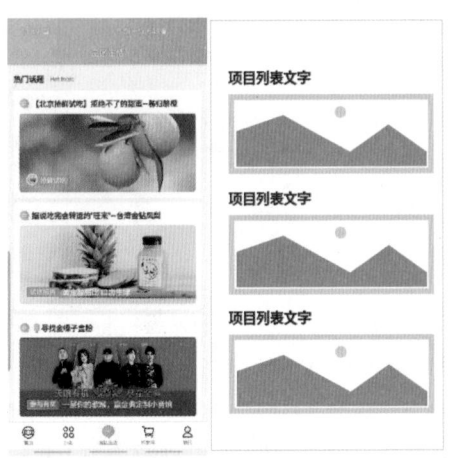

图1-23　文字列表式布局　　　　　　　图1-24　"标题+图片"的布局

以内容为主的产品列表则多以"标题＋图片＋部分内容"的形式展现，同时对纯图片和视频的模块列表样式进行了区分。例如今日头条用户就可以看到更多的列表信息。

列表式布局可以使用户快速获取一定量的信息，以决定是否点击进入更深的层级进行深度浏览或操作。用户可以在多类信息中进行筛选和对比，自主高效地选择自己想要的内容。

列表式布局信息展示的层级较为清晰，且可以灵活地通过不同形式进行展示。在展示主要信息的同时，还可以展示一定的次要信息，提醒及辅助用户理解。列表式布局符合用户从上到下查看的视觉流程，排版也较为整齐，并且延展性强。

丰富且华丽的布局固然重要，但要符合当前产品的特点和需求。无论采用何种布局方式，只要能将产品的内容和特点展示清楚即可。

1.3.3　按钮和图标的设计

在UI中合理地使用按钮和图标，能够使页面内容简单、醒目且友好，并增加设计的艺术感染力。对内容较丰富的App来说，图标的使用可以节省空间，用户可以在一个页面中查看更多的信息。

虽然在UI设计中使用按钮和图标有很多好处，但也要考虑其潜在的负面影响。下面针对移动UI设计中按钮和图标设计的要点进行讲解。

● 图标传达含义的功能必须放在首位

设计师们有时会过于注重形式，忽略了图标本身的功能，导致其难以识别，这打破了图标最重要的图形意象属性。按照定义，图标是一个对象或动作的视觉体现。对用户而言，如果这个对象或动作不明确，该图标就失去它的实用价值，并成为一个视觉干扰。

图1-25所示分别为主页、打印机和放大镜的图标，这几个图标在用户心中已经享有普遍共识并且容易辨识。

图1-25 主页、打印机和放大镜的图标

对用户而言，大多数图标的含义仍旧模棱两可，图1-26所示为一个游戏中心的图标，其采用了一组色彩丰富的圆圈，让人很难联想到它跟游戏有什么关系。

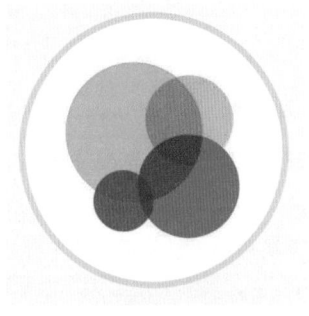

图1-26 游戏中心图标

图标的首要任务就是引导用户去他们需要的地方。设计师可以通过5秒钟规则和选择熟悉的图标两种方法来设计符合用户要求的图标。5秒钟规则指的是，如果设计师花了超过5秒的时间考虑一个图标是否合适，那么这个图标不太可能有效地传达含义。选择熟悉的图标指的是用户通常对图标的理解基于以前的经验，使用竞品的图标是个不错的选择。

● 保持图标的简单和示意

在大多数情况下，设计图标无须发挥创意。这是因为太花哨的图标可能会对用户体验产生负面影响。图标设计理念的本质是减到最简形态。设计师应确保即使图标是小尺寸也具有清晰度和可读性，所以精心设计的图标应该能够快速辨认。

图1-27所示为iOS系统不同版本中的照相机图标，可以看到图标的设计风格从写实转换为扁平化，图标变得更加简单，但也更易辨认。

iOS 6   iOS 12

图1-27 iOS系统不同版本中的照相机图标

● 包含清晰可见的文本标签

是否减少用户思考的时间是衡量用户体验良好的一个很重要的标准。界面清晰是一个好界面的重要特征。图标的设计应该能帮助用户毫不费力地了解它们的功能。但是，图标的问题在于用户会基于之前的经验对每个图标联想出不同的含义。如果用户为了探索每个图标的功能而一一试用，那就失去了图标该有的作用。

在一些特殊的上下文环境里，为避免图标可能会产生的歧义，应该在图标周围设计一个文本标签，用来清晰地表达其含义。支付宝界面中添加了文本标签的图标，能够清楚地表达其含义，如图1-28所示。

图1-28　图标使用文本标签

● 使用感更佳的图标触控体验

用户在移动端访问应用程序时，通常都是通过手指点击与界面进行交换的。较小的图标会严重影响用户的访问。因此，包括图标在内的UI控件，尺寸要足够大才能承载手指间的动作。

 通常成人手指的平均宽度为 11mm，婴儿的手指宽度为 6mm，一些体育运动员的手指宽度可以达到甚至超过 19mm。

触屏对象的推荐点击目标尺寸为7~10mm。两大主流操作系统对于点击目标尺寸的规范不尽相同。

iOS系统推荐的最小点击目标尺寸为44px×44px。由于物理像素的尺寸会随着屏幕分辨率发生变化，在5.8寸的屏幕上，苹果公司推荐的尺寸是1125px×2436px。

Android系统推荐触控目标的尺寸至少为48dp×48dp。如果一个图标的尺寸为24dp×24dp，则需要在其周围加上间距，共同组成48dp×48dp的触控面积，如图1-29所示。

图1-29　Android系统推荐触控面积

 为了防止触控间距太近造成用户的误碰触，需要在两个触控目标间设置间距，通常会设置 2mm 的间距。

● 不要跨平台使用图标

在设计Android或iOS系统应用时，不要使用其他平台特定的UI元素。各平台为某些常用功能使用一套典型的图标，比如分享、新建和删除。当转换应用到另一个平台时，应替换掉相对应的图标。Android系统和iOS系统中相同功能图标的对比，如图1-30所示。

Android系统中的图标

iOS系统中的图标

图1-30　相同功能图标在不同系统中的对比

图标设计是UI设计的一个重点，UI中使用的所有图标都应有目的性，正确的图标设计能够简单而直接地帮助用户使用应用程序。

1.3.4　文字和版式的设计

在移动端UI中，文字内容能占版面近80%的区域。因此，理解文字和排版对设计师来说非常重要。设计师需要始终把内容的可读性放在首位，再综合考虑设计文字和版式。

● 字体基本结构

一般来说，为了保证字体的完整展示，字体设计师都会给字体预留一定的安全距离，设定合适的升部线及降部线距离，让字体的展示更为平衡。图1-31所示为字体的基本结构。

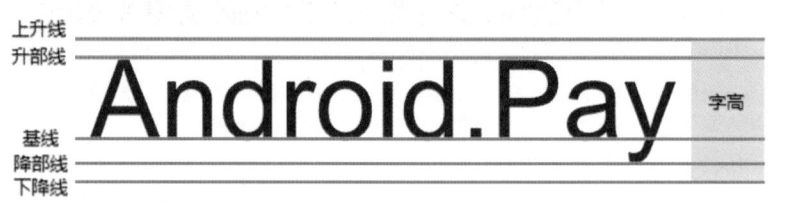

图1-31　字体的基本结构

● 了解汉字字型

了解字体结构，更有利于在以后的界面设计中运用字体。在大多数情况下，我们都选择系统自带的字体，比如微软雅黑、宋体、黑体等来定义标题和内容。这些字体都是中文字，汉字的常见字型结构如图1-32所示。

图1-32　常见汉字字型

在设计和制作Logo、banner时，需要对字体进行改造来达到更加理想的效果。掌握汉字的字型结构及一些最基本的设计原则是非常必要的。

● 衬线字和无衬线字

西方国家的字母体系分成两大字族：Serif（衬线字）及Sans Serif（无衬线字）。衬线字是指在字的笔画开始及结束的地方有额外的装饰，而且笔画的粗细会因直横的不同而有所不同。 相反，无衬线字就没有这些额外装饰，而且笔画粗细大致上是差不多的。图1-33所示为衬线字和无衬线字的对比。

图1-33　衬线字和无衬线字的对比

衬线字的字体较易辨识，因此也具有较高的易读性。无衬线字较醒目，需要强调、突出的小篇幅文字一般使用无衬线字；而在长篇正文中，为了阅读便利，一般使用衬线字。

在实际应用中，因为中文的宋体和西文的衬线体、中文的黑体和西文的无衬线体，在风格和应用场景上相似，所以通常搭配使用。

在移动端界面设计中，由于屏幕尺寸较小，在追求排版美观之前，要保证文字内容能够简单且清晰地展现出来。优秀的文字与排版会使用户更愿意去阅读，因此要先关注设定的文字和排版是否便于阅读，然后再考虑为了美观而进行的修饰。

1.4　了解移动UI设计常用的软件

在进行移动UI设计时，会使用很多软件帮助设计师完成原型设计、界面设计、交互动效设计及设计稿输出等工作。下面针对几款常用的软件进行讲解。

1.4.1　Axure RP 和Adobe XD

Axure RP和Adobe XD都是原型设计制作软件。两者各有优缺点，用户可以根据个人的工作习惯选择使用。

● Axure RP

Axure RP是美国Axure Software Solution公司开发的一款专业的快速原型设计工具，能够让负责定义需求和规格、设计功能和界面的专家快速创建应用软件或Web网站的线框图、流程图、原型和规格说明文档。

作为专业的原型设计工具，Axure RP能快速、高效地创建原型，同时支持多人协作设计和版本控制管理。Axure RP软件启动界面与工作界面如图1-34所示。

图1-34　Axure RP软件启动界面与工作界面

● Adobe XD

　　Adobe XD是一站式UX/UI设计平台，在这款产品上面，用户可以进行移动应用和网页设计与原型制作。同时它也是唯一一款结合设计与建立原型功能，并同时提供工业级性能跨平台设计产品的平台。

　　设计师使用Adobe XD可以更高效准确地完成静态编译或框架图到交互原型的转变。Adobe XD软件图标与工作界面如图1-35所示。

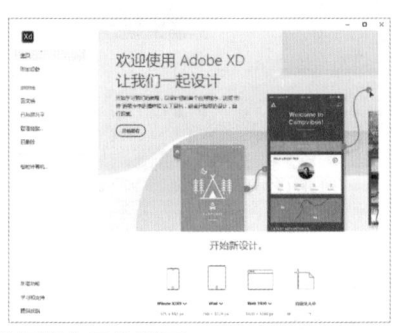

图1-35　Adobe XD软件图标与工作界面

1.4.2　Photoshop和Sketch

　　Photoshop和Sketch都可以完成移动端UI的绘制，但在应用平台、制作的难易度和输出便捷性上有很大的区别。

● Photoshop

　　Photoshop主要处理以像素所构成的数字图像。使用其众多的编修与绘图工具，可以有效地进行图片编辑工作。Photoshop有很多功能，在图像、图形、文字、视频、出版等各方面都有涉及。Photoshop是UI设计中最常用的软件之一，在最新版本中增强了对移动UI设计的支持。Photoshop CC启动界面和工作界面如图1-36所示。

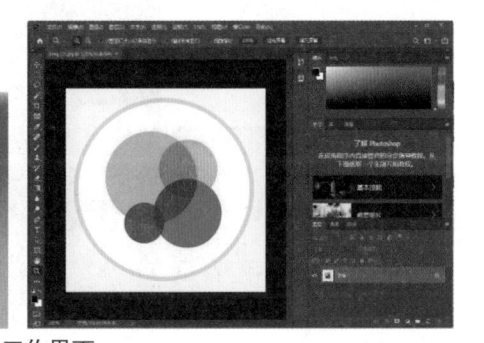

图1-36　Photoshop CC启动界面和工作界面

● Sketch

Sketch 是一款适用于所有设计师的矢量绘图应用软件。矢量绘图是目前进行网页、图标及界面设计的最好方式之一。除了矢量编辑的功能，Sketch同样添加了一些基本的位图工具和命令，例如模糊和色彩校正。

Sketch 是为图标设计和界面设计而生的。它是一个有着出色 UI设计的一站式应用，所有需要的工具都触手可及。在 Sketch 中，画布是有无限大小的，每个图层都支持多种设计填充模式；有最棒的文字渲染和文本样式，还有一些文件导出工具。Sketch的图标和工作界面如图1-37所示。

图1-37　Sketch的图标和工作界面

Photoshop 既可以运行在 Windows 系统又可以运行在 Mac OS 系统。而 Sketch 是 Mac OS 独占软件，该软件必须在 Mac OS 系统下才能安装并正常使用。

1.4.3　PxCook和Assistor PS

PxCook和Assistor PS都是UI切图与标注工具软件。PxCook是一个独立运行的软件，虽然Assistor PS也可以单独运行，但需要与Photoshop一起配合使用。两个软件的操作方法也不相同，用户可以根据个人的喜好选择。

● PxCook

PxCook也称为像素大厨，其主要功能是帮助设计师完成设计稿的标注和切图工作。PxCook可以对Photoshop、Sketch和Adobe XD完成的设计稿中的元素尺寸、元素距离进行标注，软件可以在Dp和Px之间快速随意转换，所有标尺数值都可以手动设置，用户可以根据自己的具体需求进行设置，提高用户设计的工作效率。

PxCook软件同时兼容Windows系统和Mac OS系统，可以与Photoshop、Sketch和Adobe XD软件配合，完成精确的切图操作。PxCook的软件图标和工作界面如图1-38所示。

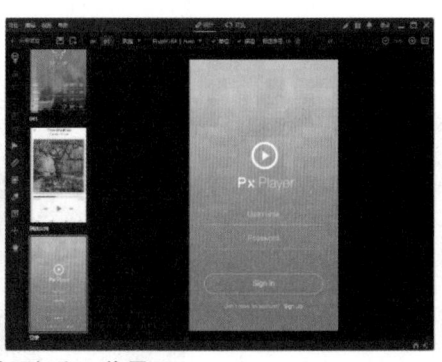

图1-38　PxCook的软件图标和工作界面

 在使用 PxCook 之前，首先需要在设备上安装 Adobe AIR，否则软件不能正常使用。用户可以下载并安装 Adobe Creative Cloud，然后安装 Adobe AIR。

● Assistor PS

Assistor PS是一个功能强大的PS辅助工具，它拥有切图、标坐标、尺寸、文字样式注释、画参考线等功能，可以为设计师节省很多时间。Assistor PS不是扩展插件，而是一款独立运行的软件。

Assistor PS同时兼容Windows系统和Mac OS系统。在Photoshop中选择一个图层后，即可使用它的功能。Assistor PS的启动界面和工作界面如图1-39所示。

图1-39 Assistor PS的启动界面和工作界面

1.5 了解UI设计的工作流程

UI设计只是互联网产品设计中的一个步骤，要想更好地理解UI设计的工作流程，必须先了解互联网产品设计阶段的工作流程。按照互联网产品设计的先后顺序可以分为需求分析、交互设计、视觉设计、开发测试和运营5个步骤，如图1-40所示。

需求分析 ▶ 交互设计 ▶ 视觉设计 ▶ 开发测试 ▶ 运营
图1-40 互联网产品设计流程

 此处所说的工作流程，针对的是一个部门健全的公司。如果是微小的创业公司，则可以作为参考，并不能全盘套用。

由于本书主要讲解移动UI设计，因此开发测试和运营部分的内容将不再讲解。

1.5.1 需求分析

需求分析是一个烧脑的工作阶段，这个阶段需要产品经理、交互设计师，甚至公司市场、运营等各个部门的人参与，进行大量的研究和提炼工作。一般通过用户分析、需求整理、竞品分析、核心流程设计、技术分析、商业市场分析等步骤，才能梳理出需求规划。需求分析的主要步骤如图1-41所示。

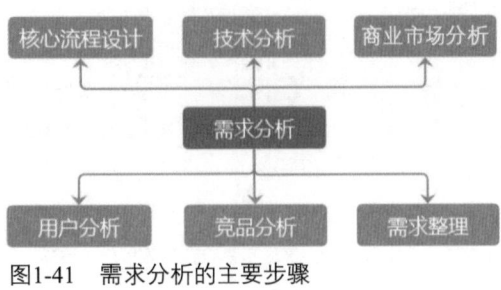

图1-41　需求分析的主要步骤

● 用户分析

规划产品的第一步工作就是用户分析，产品的一切都是建立在用户需求上的，一个产品只有能满足用户需求才有存在的价值。进行用户分析的主要目的是有确定的目标用户，详细了解用户的目的、行为和问题，用户使用场景及当前用户问题的解决方案等。用户分析的目的、方法举例和产出物如图1-42所示。

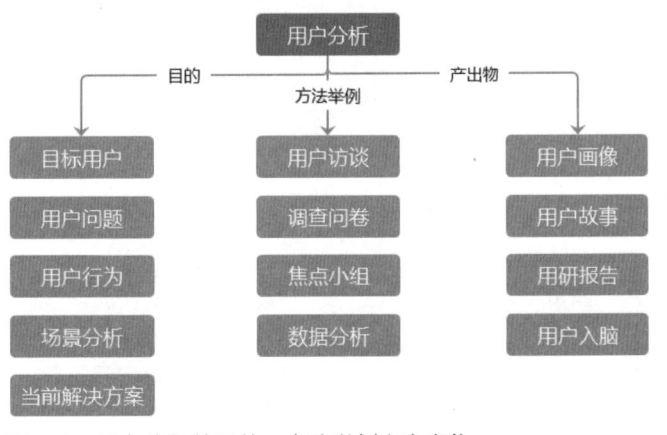

图1-42　用户分析的目的、方法举例和产出物

用户分析其实很复杂，大公司会有专门的用户研究工程师来负责，但一般公司都是由产品经理或交互设计师来完成的，他们没有太多资源和时间，但简化的用户分析也是有用的。用户分析最简单有效的方法就是进行几次用户访谈，通过访谈可以了解足够多的内容，如果资源和条件足够，调查问卷、焦点小组都是常见的方法。

● 需求整理

进行需求整理之前需要进行需求收集，收集的方式有很多种，数据分析、思维导图、用户调研、竞品分析、个人经验等。

收集一系列需求后，开始整理筛选，去掉不合理的需求后，按功能框架、用户量、使用频率、开发难度、用户习惯、商业价值、数据表现等方面分析排序和分类，产出物一般就是需求池。需求池会伴随产品的整个生命周期，需要细致和认真地去维护。需求整理的工作流程、方法和产出物如图1-43所示。

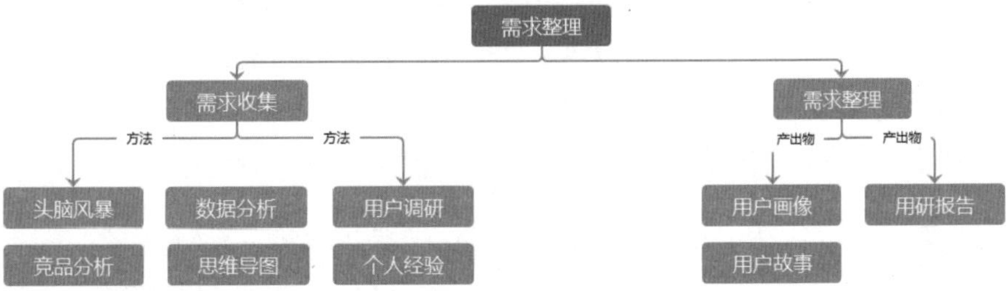

图1-43　需求整理的工作流程、方法和产出物

● 竞品分析

现在做的一款产品大多数已经有竞品了，做好竞品分析能达到事半功倍的效果。产品层面的竞品分析从用户需求、产品功能、交互流程、视觉展示等方面进行分析和对比，总结出优劣势和机会等。

竞品分析不应包含市场格局、公司战略等，商业层面的竞争关系可以放在商业市场环节去分析。做竞品分析的目的是了解竞品，更好地制定竞争方案，同时学习竞品优秀的地方，但不要完全照搬。产出物是竞品分析报告等文档。竞品分析的目的、例子及产出物如图1-44所示。

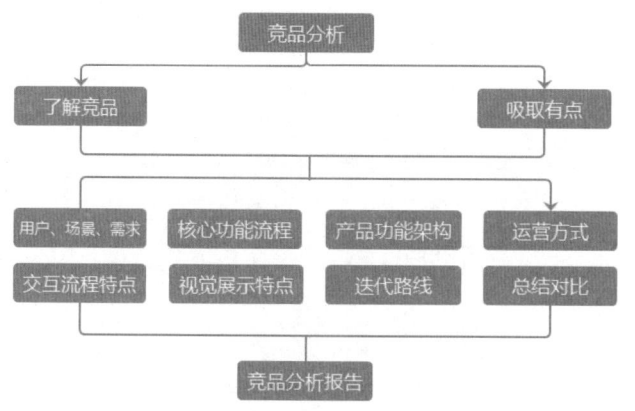

图1-44　竞品分析的目的、例子及产出物

● 核心流程设计

产品能满足的最主要的用户需求是什么，需求分析阶段需要团队人员明确核心流程，统一方向。核心流程设计中包含角色、任务、信息流向等几个关键点，产出物一般是泳道图。核心流程设计的目的、分析角度和产出物如图1-45所示。

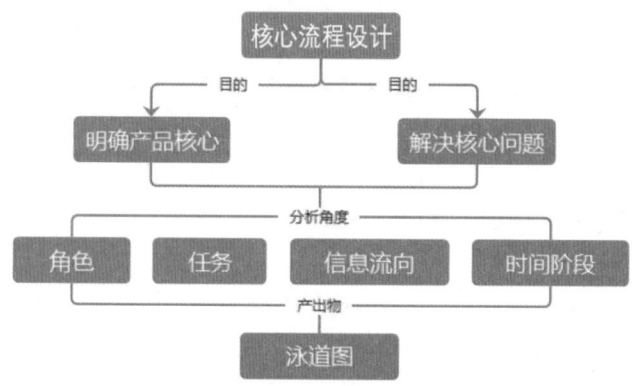

图1-45　核心流程设计的目的、分析角度和产出物

● 技术分析

核心流程制定后要与技术负责人共同探讨，了解研发成本。产品设计人员在设计流程阶段会有很多讨论和评审，要尽量及时与技术负责人沟通，避免后期出现麻烦。技术分析流程如图1-46所示。

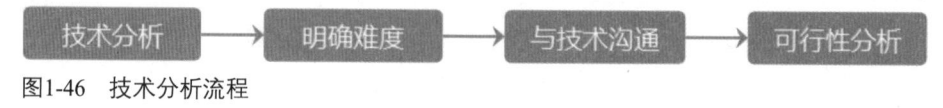

图1-46　技术分析流程

● 商业市场分析

要做某一行业的产品，必须深入了解该行业。商业市场分析的目的是明确产品的商业价值，为高层

做决策参考依据，获得人力、财力、资源等支持，一般都是由老板决定、产品经理执行的。

商业市场分析的角度很多，主要了解行业、市场、竞争、用户等，预估成本和风险，不同的行业、公司，其阶段的侧重点不同，需要具体问题具体分析。产出物是商业需求和市场需求等文档。商业市场分析的目的、分析角度和产出物如图1-47所示。

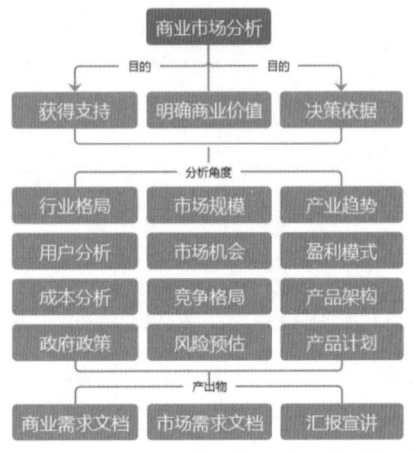

图1-47　商业市场分析的目的、分析角度和产出物

1.5.2　交互设计

将需求梳理好后，接下来开始进行交互设计。交互设计是产品成型的阶段，产品从抽象的需求转化成具象的界面，这个过程需要产品经理和交互设计师配合完成，当然大部分公司都是产品经理独立完成的。交互设计的工作流程如图1-48所示。

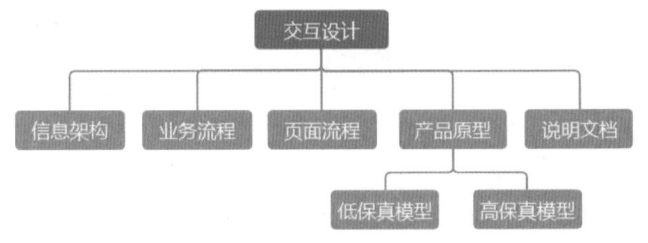

图1-48　交互设计的工作流程

● 信息架构

交互设计中的信息架构其实就是产品信息分类。产品由哪些功能组成，将相关功能内容组织分类，明确逻辑关系，并平衡信息展现的深广度，引导用户寻找信息。信息架构的目的、方法和产出物如图1-49所示。

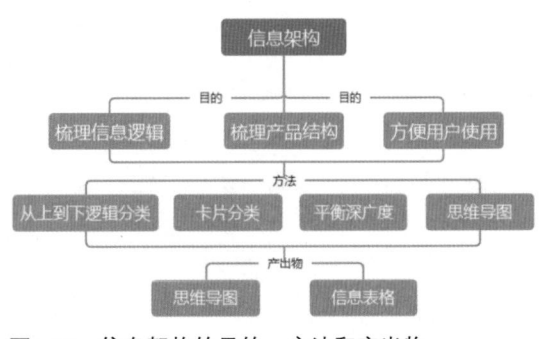

图1-49　信息架构的目的、方法和产出物

在信息架构工作中要把导航规划好，最好的产出物就是一个思维导图。一款体育App产品的思维导图如图1-50所示。

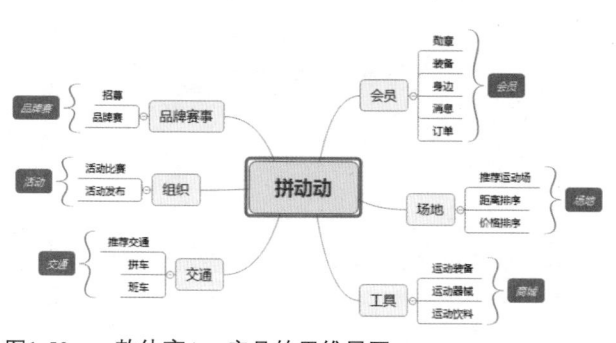

图1-50　一款体育App产品的思维导图

● 业务流程

业务流程是一个产品功能设计的基础，确定了流程，后面的工作才能顺利进行，否则会出现产品功能实现摇摆不定、反复修改的状况。业务流程的目的、分析角度和产出物如图1-51所示。

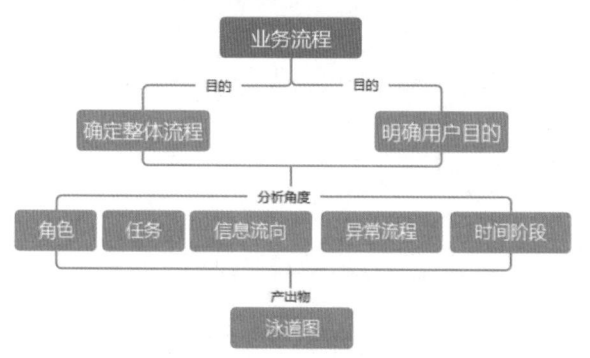

图1-51　业务流程的目的、分析角度和产出物

确定好产品中的角色、任务、阶段，按信息流向把流程绘制出来，业务流程也就绘制完成了。一般绘制完业务流程，产品需求文档也就成型了，产品需求文档主要是给开发人员当参考依据的，因此只需把产品层面的逻辑表达清楚即可。

● 页面流程

页面流程是业务流程的延伸，要根据以用户为中心的思路来整理，按用户使用页面的顺序进行组织，把页面结构和跳转逻辑梳理的更清楚，并确定每个页面的展现主题。页面流程的目的、分析角度和产出物如图1-52所示。

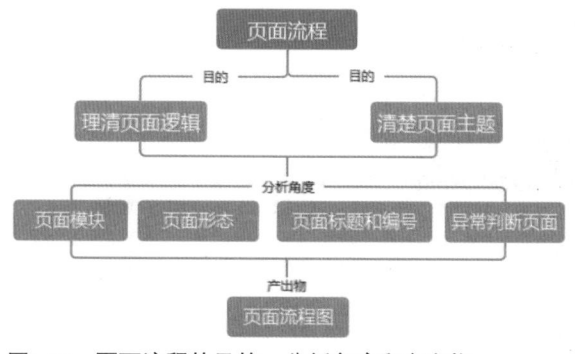

图1-52　页面流程的目的、分析角度和产出物

● 产品原型

产品原型可以分为低保真原型和高保真原型。产品原型的目的和产出物如图1-53所示。

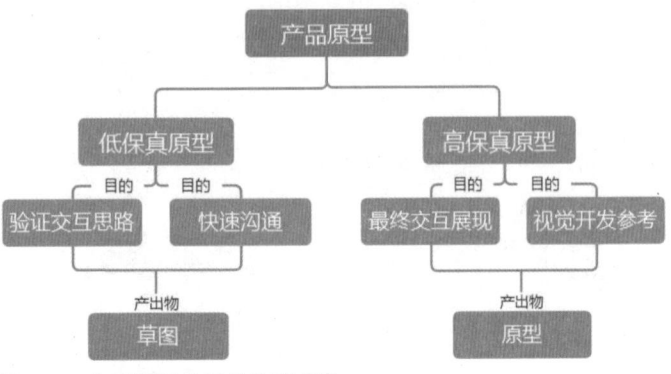

图1-53　产品原型的目的和产出物

低保真原型是验证交互想法的粗略展现，因为在这个阶段会有很多更改，需要不断评审和讨论，最好用纸和笔手绘，也可以用Axure或Sketch设计一些简单的草图，或者使用Adobe XD也可以。一款App的低保真原型如图1-54所示。

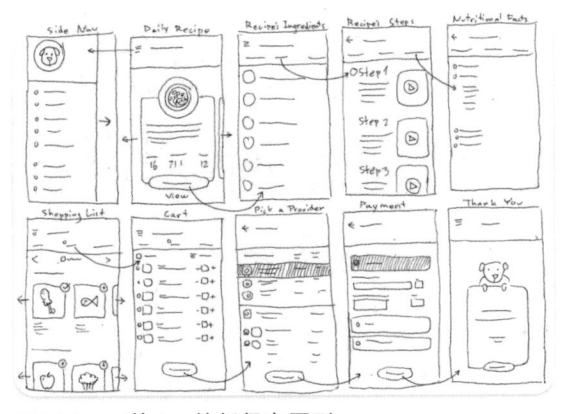

图1-54　一款App的低保真原型

高保真原型要将页面控件、布局、内容、操作指示、转场动画、异常情况等都详细表达出来，给视觉和开发提供详细参考。一款App的高保真原型如图1-55所示。

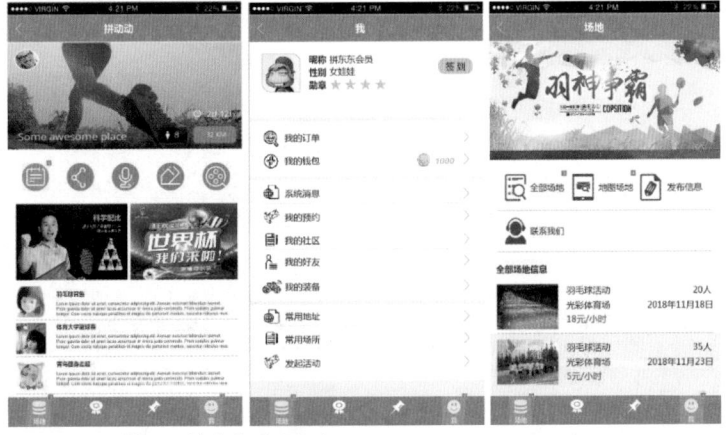

图1-55　一款App的高保真原型

高保真原型可以显著降低沟通成本，具体高保真到什么程度也要看团队的习惯和时间。有的团队会无限接近视觉稿，模拟真实的产品交互操作，有的则还是以黑白灰为主，把交互细节都展现出来，特别需要颜色体现交互的地方才加一些颜色提示。

● 说明文档

此处的说明文档指的是交互说明文档。写交互说明文档要以开发人员为中心，要使开发人员能够理解交互逻辑和规则。如果没有专门的交互说明文档，一般会在原型旁边添加注释说明，其目的都是要把交互逻辑和交互规则表达清楚。交互说明文档的目的、分析角度和产出物如图1-56所示。

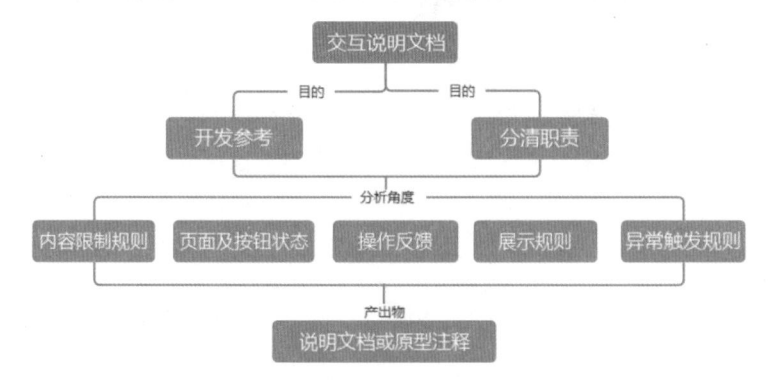

图1-56　交互说明文档的目的、分析角度和产出物

1.5.3　视觉设计

完成页面的交互设计后，接下来开始进行视觉设计。视觉设计可以分为视觉概念稿、视觉设计图和标注切图三个阶段。

● 视觉概念稿

在开始正式的视觉设计之前，可以挑选几个典型的页面设计风格不同的视觉概念稿，等客户或领导确定视觉风格后，再进入下一步工作，避免推翻重做的风险。

● 视觉设计图

视觉设计的工作流程也很复杂，它是一个产品展现在用户面前最直观的印象，一个好的视觉设计图需要延续用户体验设计原则和良好地表达产品风格。视觉设计之后还需要建立标准控件库和页面元素集合等视觉规范，使团队的工作统一化、标准化。

● 标注切图

视觉设计完成后，需要给设计稿进行标注，方便前端工程师切图。标注的内容主要是边距、间距、控件长宽、控件颜色、背景颜色、字体、字体大小、字体颜色等。设计稿标注如图1-57所示。

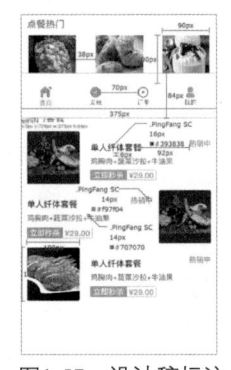

图1-57　设计稿标注

移动端的设计稿不仅需要标注，还需要切图，把页面控件拆分成小图片，方便开发实现。切图时需要考虑适配不同分辨率的设备，如iOS的切图范围内1倍图、2倍图和3倍图，图1-58所示为一个图标切图的3种尺寸。

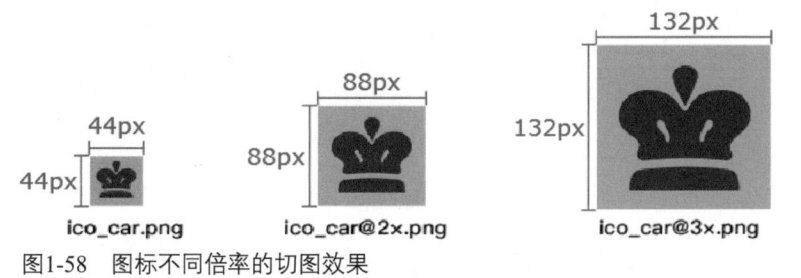

图1-58　图标不同倍率的切图效果

切好的图片按照页面和模块名称或以不同分辨率进行分类后放入不同的文件夹。分组存放切图如图1-59所示。

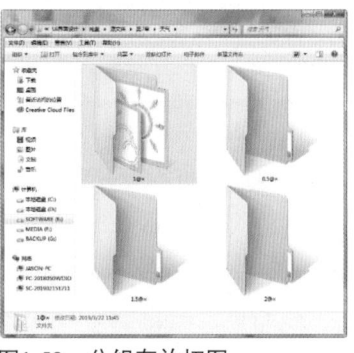

图1-59　分组存放切图

1.6 了解互联网产品职位划分

互联网产品团队指的是整个团队围绕一个产品打造，并以设计开发完成该产品为目标的团队。团队按部门可以分为：管理层、产品部、研发部、市场部。互联网产品团队职位详细划分如图1-60所示。

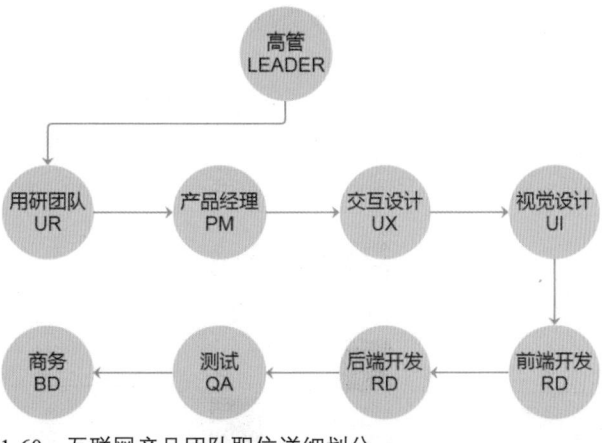

图1-60　互联网产品团队职位详细划分

提示

互联网产品有可能是移动端的，也可能是 PC 端的，也可能同时开展多个产品线等。

在这些职位中，产品经理、项目经理、页面设计师和开发人员都与UI设计人员有直接接触，下面详细介绍各个职位的工作职能及工作技能。

1.6.1 产品经理

产品经理主要负责细化产品逻辑和产品原型图的制作。原型图的主要作用是向领导或客户汇报，交付设计师和开发人员。

产品经理的职责首先是在产品策划阶段向领导提出产品文档。产品文档通常包括产品的规划、市场分析、竞品分析、迭代规划等。然后在立项之后负责进度的把控、质量的把控和各个部门的协调工作。在产品管理中，产品经理是领头人、协调员、鼓动者。

作为产品经理，针对产品开发本身有很大的权力，可以对产品生命周期中的各阶段工作进行干预，从行政上讲，产品经理并不像一般的经理那样有自己的下属，但他又要调动很多资源来做事，因此，如何做好这个角色是相当需要技巧的。

（1）主要输出：产品需求文档、市场需求文档、原型图等。

（2）使用软件：文档书写软件（Office）、原型图软件（Axure、Adobe XD等）。

1.6.2 项目经理

从职业角度来讲，项目经理是指企业建立以项目经理责任制为核心，对项目实行质量、安全、进度、成本管理的责任保证体系和全面提高项目管理水平而设立的重要管理岗位。

项目经理是为项目的成功策划和执行负总责的人。在很多公司里，这个职位可能都是由产品经理兼顾的。项目经理负责的是进度的把控和项目问题的及时解决。

（1）主要输出：项目进度表。

（2）使用软件：文档书写软件。

1.6.3 页面设计师

互联网设计师不仅给产品原型上色，还根据实际内容和具体交互修改产品板式，甚至重新定义产品交互等。同时要为页面制作人员提供切图、说明文档、标注文件和设计稿。经常提到的美工、全链路设计师、全栈设计师、UI设计师等，都可以理解为页面设计师。

页面设计师接到原型图或交互图后，会根据原型图的内容来进行交互优化、排版、视觉设计。最终确认后交付给开发人员。如果对接的是移动端项目，则需要交付给开发人员切图、标注文件和规范文件。

（1）主要输出：设计稿、设计规范、切图文件、标注文件等。

（2）使用软件：设计软件（Photoshop、Sketch等）、切图标注软件（PxCook、Assistor Ps等）。

1.6.4 开发人员

开发人员按照工作分工可以分为数据库端开发和用户端开发。对页面设计师来说，通常接触的是用户端开发，他们负责还原设计。做PC用户端开发的工程师称为前端工程师；做Android设备开发的工程师称为Android工程师；做苹果设备开发的工程师称为iOS工程师。这些开发指的是用户端的开发，用户端就是我们看到的界面。

移动端开发主要包括Android系统和iOS系统两种主流设备，它们开发使用的代码不一样，所以对有些特殊效果，例如动效、阴影等的支持有所不同。

（1）Android开发使用的软件：Android Studio、Xamarin、Unreal Engine等。

（2）iOS开发使用的软件：CodeRunner、AppCode、Chocolat、Alcatraz等。

1.7 本章小结

　　本章从移动UI设计初学者的角度讲解，介绍了移动UI设计的概念及特点，并分别向读者介绍了Android系统和iOS系统的发展及优点。本章讲解了移动UI设计的工作内容及常用软件。为了便于读者更深层次地理解移动UI设计，对UI设计的工作流程和互联网产品职位的划分也进行了介绍。

第2章　iOS系统界面设计

iOS系统是苹果公司开发的一款移动操作系统，主要供iPad和iPhone等移动设备使用。随着苹果产品的日益丰富，设计师在设计iOS系统App界面时，除了要注意界面的美观性，还要符合iOS系统的设计规范，并做好不同设备的适配，以确保App界面能够正确显示。本章将针对iOS系统中的界面设计规范和适配标准进行学习。

2.1　分辨率与界面设计尺寸

很多读者在开始学习iOS界面设计的时候，经常问的就是怎么设定App的分辨率和尺寸。要想弄清楚分辨率和尺寸的概念，首先要了解像素和分辨率的关系。

2.1.1　像素与分辨率

很多设计师没有搞懂分辨率和像素的原因是没有明白什么是英寸。我们曾经称呼电视机为21寸大彩电、25寸大彩电、29寸大彩电等。手机也有4.7英寸、5.0英寸等。用英寸来表示一个面，导致很多人把英寸当成一个面积单位，也就是说把英寸当成平方英寸了。这会对分辨率产生完全不一样的认识。其实这里的英寸指的是屏幕对角线的长度，英寸实际上是长度单位。不同型号iPhone手机屏幕的尺寸如图2-1所示。

图2-1　不同型号iPhone手机屏幕的尺寸

分辨率分为ppi和dpi两种。

ppi：指的是每英寸所包含的像素点的数目。

dpi：指的是每英寸所包含的点的数目。

dpi和ppi区别并不大，只是像素和点的区别。像素是设计师的最小设计单位，点则是iOS开发的最小单位。设计师只需了解dpi即可，ppi才是重要的。

 我们日常所说的 2 倍图、3 倍图就是指屏幕的一个点中有两个像素或三个像素。一个设备究竟要使用 2 倍图还是 3 倍图，只需看 ppi 和 dpi 的比值就可以了。

2.1.2　iOS系统界面设计尺寸

iOS设备主要有iPhone SE（4英寸）、iPhone 6s/7/8（4.7英寸）、iPhone 6s/7/8 Plus（5.5英寸）、iPhone X（5.8英寸）、iPhone 11（6.1英寸）、iPhone 11 Max（6.5英寸）、iPhone 12（6.1英寸）、iPhone 12 Pro Max（6.8英寸），它们都采用了Retina视网膜屏幕。图2-2所示为部分iOS设备的尺寸。

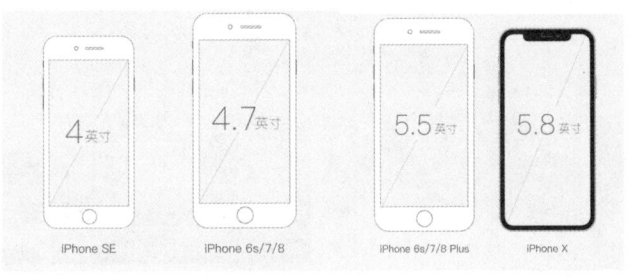

图2-2　部分iOS设备的尺寸

这些设备的屏幕尺寸各不相同，其中iPhone 6s/7/8 Plus、iPhone X/11/12和iPhone 11/12 Max都采用的是3倍率的分辨率，其他都采用的是2倍率的分辨率。可以简单理解为在3倍率情况下，1pt=3px，在2倍率情况下，1pt=2 px。不同设备的设计像素、开发像素和倍率如表2-1所示。

表2-1　不同设备的设计像素、开发像素和倍率

机型	设计像素	开发像素	倍率
iPhone SE	640px×960px	320pt×480pt	@2x
iPhone 5/5s/5c	640px×1136px	320pt×568pt	@2x
iPhone 6/6s/7/8	750px×1334px	375pt×667pt	@2x
iPhone 6/6s/7/8 Plus	1242px×2208px	414pt×736pt	@3x
iPhone X/XS/11 Pro	1125px×2436px	375pt×812pt	@3x
iPhone XR/11	828px×1792px	414pt×896pt	@2x
iPhone XS Max/11 Pro Max	1242px×2688px	414pt×896pt	@3x
iPhone 12/12 Pro	1170px×2532px	390pt×844pt	@3x
iPhone 12 Pro Max	1284px×2778px	428pt×926pt	@3x

为了便于适配所有设备，在为iOS系统设计App界面时，一般都会以iPhone 6的尺寸为基准，也就是750px×1334px。

提示　无论是栏高度还是应用图标，设计师提供给开发人员的切片大小，前者始终是后者的1.5倍，并分别以@3x和@2x在文件结尾命名，程序根据不同分辨率自动加载@3x或@2x的切片。

实战练习 01　使用Photoshop新建App文件

视　频：资源包\视频\第2章\2-1-2.mp4　　源文件：资源包\源文件\第2章\2-1-2.psd

● 案例分析

新建文件是移动UI设计的第一步。为了方便完成App产品适配其他众多设备，通常会以iPhone 6

的尺寸作为标准设计界面。本案例将使用Photoshop新建一个App项目界面，如图2-3所示。通过案例的制作，了解在Photoshop中自定义界面尺寸和设置分辨率的方法。

图2-3　新建iOS系统App文件

● 制作步骤

01 启动Photoshop软件界面，如图2-4所示。执行"文件>新建"命令，弹出"新建文档"对话框，如图2-5所示。

图2-4　Photoshop启动界面

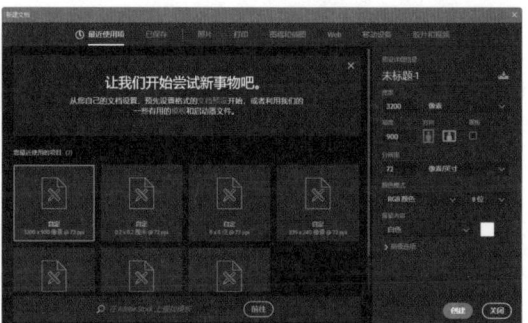

图2-5　"新建文档"对话框

02 在"新建文档"对话框顶部的菜单中选择"移动设备"选项，对话框效果如图2-6所示。在"空白文档预设"中选择iPhone 8/7/6选项，如图2-7所示。

图2-6　选择"移动设备"选项

图2-7　选择iPhone 8/7/6选项

03 可以在对话框右侧的"预设详细信息"中看到具体的参数，如图2-8所示。单击"创建"按钮，即可完成文件的创建，如图2-9所示。

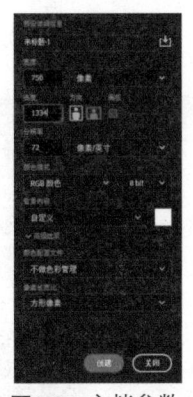 

图2-8　文档参数　　图2-9　完成文件的创建

 本书使用 Photoshop CC 2019 的版本，用户可以通过 Adobe 官网下载试用版本免费使用。

新建文档的单位为"像素"，分辨率为"72 像素 / 英寸"，颜色模式为"RGB 颜色"。

2.2　iOS系统的组件尺寸

iOS系统的组件由状态栏、导航栏和标签栏等部分组成，如图2-10所示。iOS系统对组件的高度有严格的规定，设计师必须遵守。

2.2.1　组件尺寸

由于不同设备的界面尺寸不同，因此界面组件的尺寸也不相同。不同设备的状态栏、导航栏和标签栏的高度如表2-2所示。

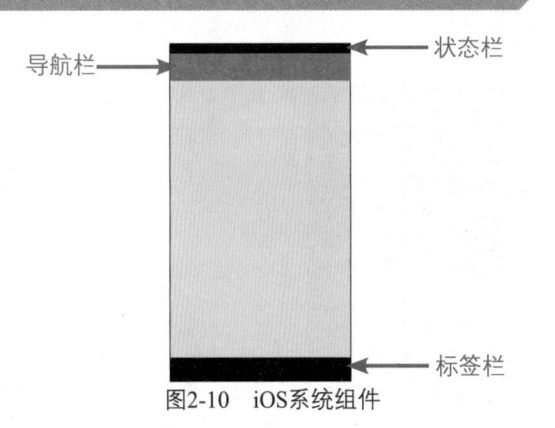

图2-10　iOS系统组件

表2-2　不同设备的状态栏、导航栏和标签栏的高度

机型	状态栏（高度）	导航栏（高度）	标签栏（高度）
iPhone SE	40 px	88 px	98 px
iPhone 5/5s/5c	40 px	88 px	98 px
iPhone 6/6s/7/8	40 px	88 px	147 px
iPhone 6/6s/7/8 Plus	60 px	132 px	147 px
iPhone X（@2X）	88 px	88 px	98 px

2.2.2　边距和间距

在移动端界面设计中，规范界面中元素的边距和间距非常重要。界面是否美观、简洁、通透，都与边距和间距的设计规范有直接关系。根据边距和间距的不同位置，可以分为全局边距、卡片间距和内容间距。

● 全局边距

全局边距是指界面内容到屏幕边缘的距离，整个应用的界面都应该以此来进行规范，以达到界面整体在视觉效果上的统一。全局边距的设置可以更好地引导用户垂直向下浏览。淘宝App全局边距如图2-11所示。

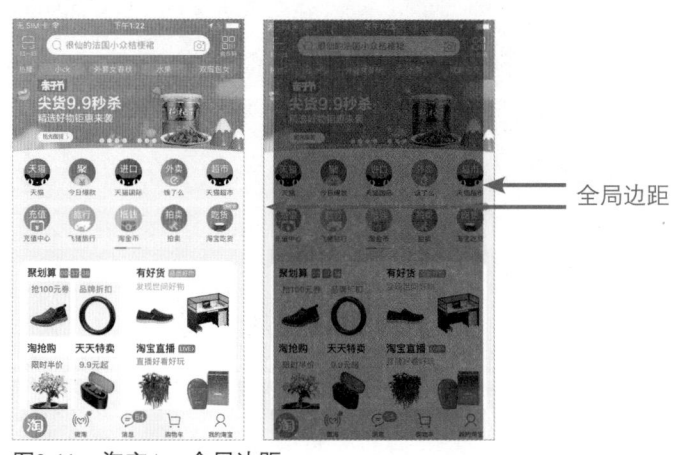

图2-11　淘宝App全局边距

在实际应用中应该根据产品的不同风格设置不同的全局边距，让边距成为界面设计的一种语言。在iOS系统中，常用的全局边距有32px、30px、24px、20px等。如图2-12所示，iOS系统边距为30px，微信边距为35px，工商银行边距为30px。

图2-12　不同App的边距

边距的大小并没有一个固定的数值，但是通常会将边距设置为偶数。还有一种情况是将界面中的图片通栏显示，不留边界，如图2-13所示。

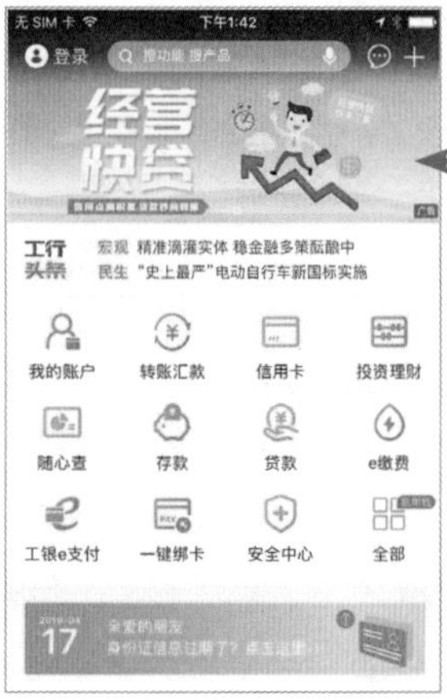

图片通栏显示更容易让用户将注意力集中到每个图文的内容本身。在向下浏览时，因为没有留白，视觉流被图片直接割裂，造成在图片上停留更长时间。

图2-13　图片通栏显示

● 卡片间距

卡片式布局是移动端界面设计中非常常见的布局方式，图2-14所示为卡片式布局中的一种。

通常卡片和卡片之间的距离是根据界面的风格及卡片承载信息的多少来确定的，由于过小的间距会增加浏览者的紧张情绪，因此卡片间距通常不小于16px，常见的间距有20px、24px、30px和40px，当然间距也不宜过大，过大的间距会使界面变得松散。iOS系统"设置"界面卡片间距如图2-15所示。

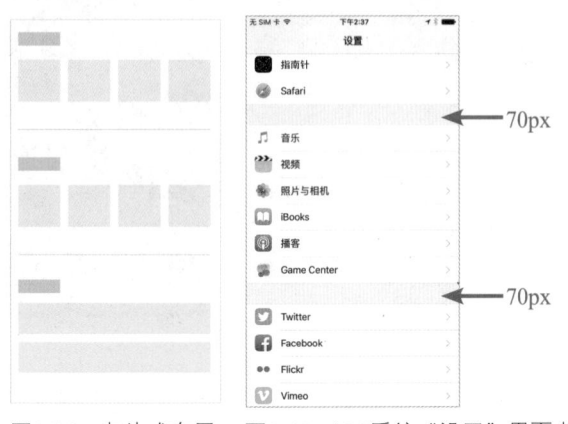

图2-14　卡片式布局　　图2-15　iOS系统"设置"界面卡片间距

为了便于浏览者区分不同卡片，间距颜色的设置可以与界面分割线的设置一致，也可以更浅一些。通常会采用较低纯度的灰色。

卡片间距的设置是灵活多变的，一定要根据产品的风格和实际需求去设置。读者应通过截图比较各类App的卡片间距数值，并融会贯通，应用到自己的设计工作中。

● 内容间距

一款App产品除了组件（状态栏、导航栏、标签栏）和控件，就是内容了。内容的布局形式多种多样，此处只讨论内容的间距设置问题。

单个元素之间的相对距离会影响浏览者感知它们是否组织在一起，互相靠近的元素看起来属于一组，而距离较远的则自动划分到组外。如图2-16所示，左边的圆在水平方向的距离比垂直方向的距离近，可以看成4行圆点，而右边的则会看成4列圆点。

图2-16　距离决定分组

在设计界面内容布局时，一定要重视临近性原则的运用。在图2-17所示的App的主界面中，每一个应用名称都远离其他图标，而与其对应的图标距离较近，这让浏览者的浏览变得更直观。如图2-18所示，当应用名称与上下图标的距离相同时，就分不出它属于上面还是下面，会产生错乱的视觉体验。

图2-17　运用临近性原则　　　　图2-18　错乱的视觉体验

提示

临近性原则指的是彼此接近的事物、元素，人们认为它们是相关的。所以，当面对数据时，浏览者会自动将数据和不同的对象分组。

实战练习 02　创建辅助线绘制iOS组件

视 频：资源包\视频\第2章\2-2-2.mp4　　源文件：资源包\源文件\第2章\2-2-2.psd

● 案例分析

　　iOS系统中的状态栏、导航栏和标签栏都有固定的尺寸和位置。而且为了方便浏览，左右两侧会有20～30px的边界。本案例中首先使用辅助线定位iOS组件和边界的位置，然后再使用形状工具绘制iPhone 6的状态栏、导航栏和标签栏，如图2-19所示。

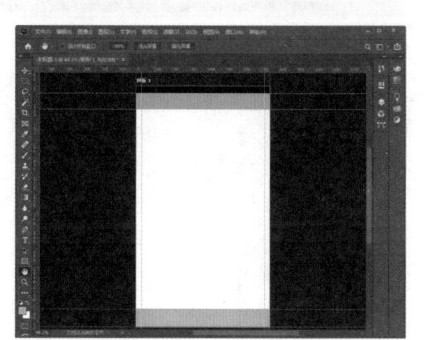

图2-19　绘制iOS组件

● 操作步骤

01 执行"窗口>标尺"命令，将标尺显示出来，如图2-20所示。执行"视图>新建参考线"命令，设置"新建参考线"对话框中的参数，如图2-21所示。

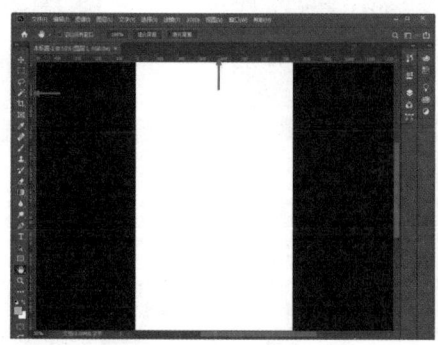

图2-20　显示标尺

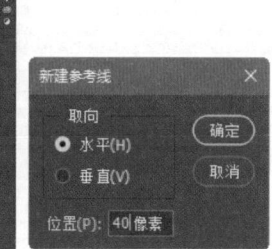

图2-21　新建参考线

02 单击"确定"按钮，完成状态栏辅助线定位，如图2-22所示。继续执行"视图>新建参考线"命令，设置"新建参考线"对话框中的参数，如图2-23所示。

图2-22　新建状态栏辅助线

图2-23　新建参考线

03 选择工具箱中的"矩形工具"，在画板中单击，在弹出的"创建矩形"对话框中设置参数，如图2-24所示。单击"确定"按钮，创建一个矩形，如图2-25所示。

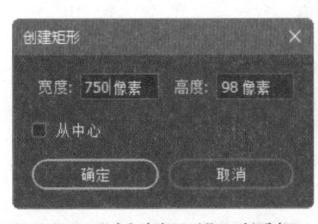

图2-24 "创建矩形"对话框　　图2-25 创建一个矩形

提示　形状工具有"形状"、"路径"和"像素"三种绘制模式。在绘制 UI 时，应选择绘制"形状"模式，避免选择其他两种模式。

04 修改"属性"面板中的矩形坐标，如图2-26所示。执行"视图>通过形状新建参考线"命令，创建辅助线，如图2-27所示。

图2-26 修改坐标　　　　　　　图2-27 创建辅助线

05 使用"矩形工具"在画板中绘制矩形，完成状态栏和导航栏的绘制，如图2-28所示。使用相同的方法继续创建左右边距的辅助线，完成效果如图2-29所示。

图2-28 绘制矩形　　　　　　　图2-29 创建边距辅助线

2.3　iOS系统文字设计规范

　　文字是App界面设计中的核心元素之一，是产品传达给用户的主要内容。iOS系统中对于字体的使用有明确的规定，设计师要充分了解设计规范，确保产品能正确显示在不同设备中。

2.3.1　字体

　　在iOS 9推出之前，设计师在设计界面时，中文字体普遍使用黑体、微软雅黑、华文黑体、方正黑体简体、思源雅黑和冬青黑体简体，英文字体使用HelveticaNeue 和 Arial Bold（Regular），如图2-30所示。

微软雅黑 HelveticaNeue
方正黑体 **Arial Bold**

图2-30　iOS 9之前使用的字体

iOS 9推出了苹果自己的字体——苹方，如图2-31所示。这种字体可以获得良好的屏幕显示效果，自此以后，苹方字体被广泛应用于iOS界面设计中。

苹方粗体 苹方特细
苹方常规 苹方中等

图2-31　苹方字体

从iOS 9开始，App界面中的中文字体使用苹方字体，英文字体则使用San Francisco Pro字体，如图2-32所示。

San Francisco Pro
San Francisco Pro
San Francisco Pro
San Francisco Pro
San Francisco Pro
San Francisco Pro

图2-32　iOS系统英文字体

提示

San Francisco Pro 字体有两种类型，分别是 San Francisco Pro Text 和 San Francisco Pro Display。San Francisco Pro Text 适用于小于 19pt 的文字，San Francisco Pro Display 适用于大于 20pt 的文字。

2.3.2　字号

在iOS系统中，以@2x为例，App中使用的字体的字号一般在10~28pt。字号的选择主要根据产品的属性有针对性设定。有一点需要注意，字号的设置必须为偶数，且上下级的字号差为2~4个。例如一级标题为28pt，则二级标题应为26pt或24pt。

不同场景中的字号如表2-3所示。

表2-3　不同场景中的字号

字号	使用场景	说明
28pt	标题	少数标题，例如导航标题、分类名称等
24pt	标题	少数标题，例如店铺标题等
22pt	重要文字或操作按钮	列表性分类名称等
20pt	段落文字	列表性商品标题等

续表

字号	使用场景	说明
18pt	段落文字	小标题模块描述等
12pt	辅助说明文字	次要的标语等
10pt	辅助说明文字	次要的备注信息等

"大麦"App界面中不同位置文字的字号设置，如图2-33所示。"安全教育平台"App中不同位置文字的字号设置，如图2-34所示。

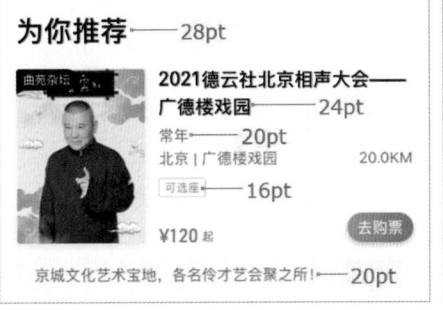

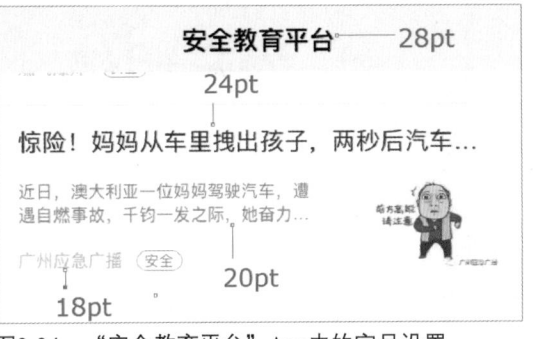

图2-33 "大麦"App中的字号设置　　图2-34 "安全教育平台"App中的字号设置

2.3.3 颜色和字重

为了避免界面效果过于正式和沉重，界面中的字体颜色一般不会使用纯黑色，而使用深灰色或浅灰色，如图2-35所示。这样既可以保证文字内容清晰易读，又可以保证界面效果和谐统一。

图2-35 界面中字体颜色的设置

在UI设计中，除了对字号有要求，对字重、行距和字间距也有要求。iOS系统中的字体都包含很多种字重，分别是Regular（常规）、Light（细体）、Bold（粗体）、Medium（中黑）、Heavy（特粗）和Extra Light（特细）。

用户可以根据不同的场景选择使用，用来区分重要信息和次要信息，进行信息层级的划分。有一点需要注意，不要使用设计软件中自带的加粗功能，例如，Photoshop"字符"面板中的"加粗"。

UI设计中不同元素对字重、字号、行距和字间距的要求，如表2-4所示。

表2-4 不同元素对字重、字号、行距和字间距的要求

元素	字重	字号	行距	字间距
标题1	Heavy	28pt	34pt	13pt
标题2	Medium	22pt	28pt	16pt
标题3	Regular	20pt	24pt	19pt
大标题	Bold	18pt	22pt	-24pt
内容	Regular	18pt	22pt	-24pt
序号	Regular	16pt	21pt	-20pt
小标题	Regular	16pt	20pt	-16pt
补充说明	Light	14pt	18pt	-6pt
辅助性文字1	Light	12pt	16pt	0pt
辅助性文字2	Extra Light	10pt	13pt	6pt

2.4 iOS系统图标设计规范

iOS系统界面中最常见的就是App图标，这些图标通常是一个App或应用功能的入口。图标设计得好坏将直接影响浏览者对该款App的兴趣和功能的理解。

iOS系统中常用的图标包括App 图标、App Store图标、标签栏导航图标、导航栏图标、工具栏图标、设置图标和Web Clip图标。图2-36所示为App图标和App Store图标。

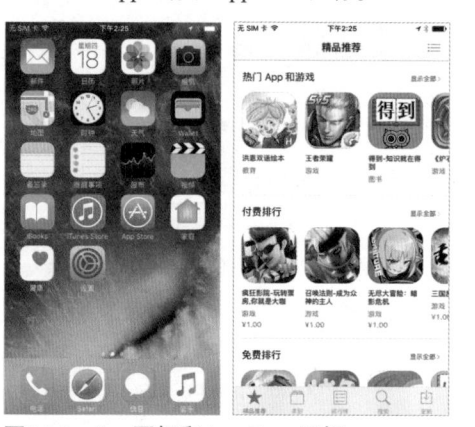

图2-36 App图标和App Store图标

UI设计中不同图标的设计尺寸和说明，如表2-5所示。

表2-5 图标的设计尺寸和说明

图标分类	尺寸	说明
App图标	120px×120px	由于iOS系统中的图标统一是切圆角的，所以设计的时候直接画出方形图标就可以了。但在设计时可根据需要画出圆角作为展示使用
App Store图标	1024px×1024px	上传至应用商店的应用图标，需要设计圆角，圆角像素为180px
标签栏导航图标	50px×50px	底部标签导航栏上的功能图标

续表

图标分类	尺寸	说明
导航栏图标	44px×44px	分布导航栏上的功能图标
工具栏图标	44px×44px	底部工具栏上的功能图标
设置图标	58px×58px	列表式的表格视图中左侧的功能图标
Web Clip图标	120px×120px	Web小程序或网站桌面上的图标，供用户单击访问

在进行App界面设计时，功能图标不是单独的个体，它通常由许多不同的图标构成整个系列，这些图标贯穿于整个产品应用的所有界面并向用户传递信息。一套App图标应该具有相同的风格，包括造型规则、圆角大小、线框粗细、图形样式和个性细节等元素都应该具有统一的规范，如图2-37所示。

图2-37 统一风格的功能图标

提示

系列图标具有统一的色彩，统一的圆角大小，统一的线框粗细，统一的风格，给用户高度统一的视觉体验。

2.5 iOS系统图片设计规范

在iOS系统中进行UI设计，对于图片的尺寸和比例并没有严格的规范，设计师往往可以凭借个人经验和感觉任意设置图片的尺寸。

2.5.1 图片的比例

虽然iOS系统中并没有对图片的尺寸有特别要求，但从艺术设计的角度来说，运用科学的手段设置图片的尺寸，可以获得最优的方案。常见的图片尺寸有16：9、4：3和1：1等。

● 16：9的图片

16：9指的是图片的宽高比，比较适应人眼左右的视野习惯。根据人体工程学的研究，发现人的两只眼睛的视野范围是一个长宽比例为16：9的长方形。这种比例给人带来视觉开阔的感受，有一种电影屏幕的感觉，适合表现风光人文，不适合表现人物全身近景。

16：9的图片能够第一时间吸引用户注意，并向用户展示图片的全部信息。一个地产App中的16：9的图片，如图2-38所示。

图2-38 地产App中的16：9的图片

● 4∶3的图片

4∶3的图片比例十分常用，这类图像效果比较紧凑，多用在图片占比较大的App中，也常用在产品列表和banner中。

这种比例的图片视觉效果一般较为平淡，适合用作展示性图片列表。大麦App中的4∶3的图片如图2-39所示。

图2-39 大麦App中的4∶3的图片

● 1∶1的图片

1∶1的图片也是正方形构图，这种构图的图片占比大，最能突出主题，比较适合表现小件的商品或人物头像，在电子商务App中应用非常广泛。

这种图片通常会裁切很多，画质较差。淘宝App中的1∶1的图片如图2-40所示。

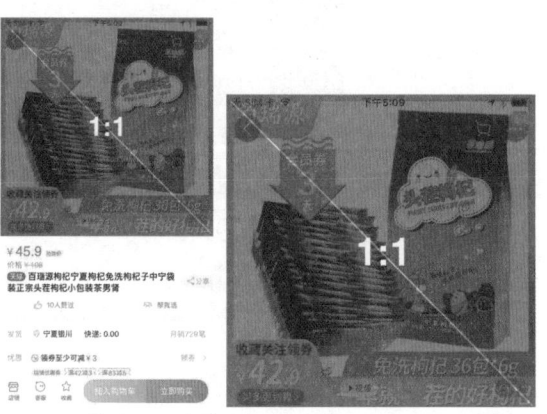

图2-40 淘宝App中的1∶1的图片

2.5.2 图片的格式

目前在移动UI设计中，图片使用的主流格式为 png 和 jpg，这两种格式的图片压缩比都很好，且色彩还原度也很高。但是，png 相对于 jpg 来说，解压缩效率更高，对 CPU 消耗更小，而且是无损压缩的。

苹果公司推荐使用的格式也是 png，而且 Asset Catalog 仅支持 png 格式。如果项目中有 jpg 格式的资源，则不能放入其中，需要再单独建立普通文件夹存放。

Asset Catalog是苹果公司在iOS 7系统上引入的用于App内资源管理的辅助文件，设计师可以把之前放在Bundle或文件夹的图片或其他资源放入Asset Catalog，由它来帮助管理资源。除了管理上的便利，它还能够减小用户下载安装包的大小，实现App的瘦身。

webp 格式的图片是 Google 最新推出的图片格式，相比 jpg 和 png 格式，webp 格式有着巨大的优势，同样质量的图片，webp 格式的图片占用空间更小，在像电商这样图片比较多的 App 中，使用 webp 格式的图片会很有优势。但是，目前 iOS 系统并不支持 webp 格式。

2.6　iOS系统内容布局

在App界面设计中，内容的布局形式多种多样，比较常见的布局方式有列表式布局、陈列馆式布局、宫格式布局和卡片式布局。

2.6.1　列表式布局

由于列表是一种非常容易理解的展示形式，所以列表式布局非常普遍。随便打开一个App，基本都存在这种布局，其布局形式的特点在于能够在较小的屏幕中显示多条信息，用户通过上下滑动的手势能够获得大量的信息反馈。两款采用了列表式布局的页面，如图2-41所示。

● 优点

列表式布局层次展示清晰明了，视线流从上到下浏览体验快捷，可展示内容较长的菜单或拥有次级文字内容的标题。

● 缺点

这种布局方式灵活度不高，同级内容过多时，用户在浏览时容易产生视觉疲劳，只能通过排列顺序、颜色来区分各个入口的重要程度。

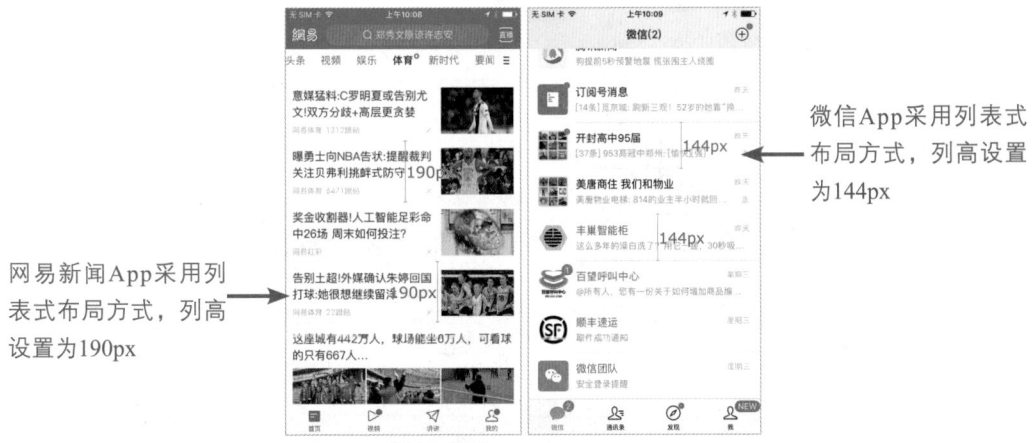

网易新闻App采用列表式布局方式，列高设置为190px

微信App采用列表式布局方式，列高设置为144px

图2-41　列表式布局

采用列表式布局形式时，列表舒适体验的最小高度是80px，最大高度视内容的多少而定。也就是说，在iOS界面设计中，列表的高度要大于80px。

2.6.2　陈列馆式布局

陈列馆式布局比较灵活，既可以平均分布这些网格，又可以根据内容的重要性进行不规则分布；这种布局方式可以直观展示产品的各项内容，便于浏览者快速便捷的操作。两款采用了陈列馆式布局的页面，如图2-42所示。

● 优点

在同样高度的范围内可放置更多的菜单，陈列馆式布局流动性强，能够直观展现各项内容，方便浏览者浏览经常更新的内容。

● 缺点

陈列馆式布局不适合展示顶层入口框架，当界面内容过多时，页面会显得很杂乱，给浏览者一种眼花缭乱的感觉。

飞猪App首页采用陈列馆式布局方式，直接展示旅游产品分类。

微信App小程序采用了陈列馆式布局方式，便于浏览者快速找到感兴趣的内容。

图2-42　陈列馆式布局

2.6.3　宫格式布局

宫格式布局与陈列馆式布局相似，只是宫格式布局通常采用一行三列的布局方式。这种布局方式非常有利于内容区域随手机屏幕分辨率不同而自动伸展宽高，方便适配所有智能终端设备。同时也是iOS和Android系统开发人员比较容易编写的一种布局方式。简书App宫格式布局的页面，如图2-43所示。

- 优点

宫格式布局是目前十分常见的一种布局方式，也是符合用户习惯和黄金比例的设计方式。这种信息内容展示方式简单明了，能够清晰展现各入口，方便用户快速查询。

- 缺点

宫格式布局菜单之间的跳转要回到初始点，容易形成更深的路径，不能显示太多入口次级内容。

简书App的页面使用了宫格式布局，井然有序且间隔合理，视觉效果良好。能够清晰展现各入口，方便用户快速查询。

图2-43　宫格式布局

2.6.4　卡片式布局

卡片式布局形式非常灵活。每张卡片的内容和形式都可以相互独立，互不干扰，并且可以在同一个页面中出现不同的卡片，承载不同的内容。由于每张卡片都是独立存在的，所以其信息量比列表式布局更加丰富。两款采用了卡片式布局的页面，如图2-44所示。

- 优点

卡片式布局能够直接展示页面中最重要的信息内容，分类位置固定，清楚当前所在入口的位置，减少页面跳转层级，浏览者能轻松在各入口之间频繁跳转。

● 缺点

当页面中的入口功能过多时，卡片式布局显得笨重且不实用。

卡片式布局的页面中，导航一直存在，具有选中状态，可快速切换另一个导航。

使用卡片式布局时，卡片本身一般为白色。卡片的间距颜色一般为浅灰色。根据产品风格的不同，也有采用比浅灰色偏蓝的颜色。

图2-44　卡片式布局

除了常见的卡片式布局，还有一种双栏卡片式布局。这种布局方式比较常见于以图片信息为主导的App。例如一些商城的商品陈列页面。这种形式与通栏卡片式布局类似，但它能在一个手机屏里显示更多内容。唱吧App火星页面采用双栏卡片式布局方式，如图2-45所示。

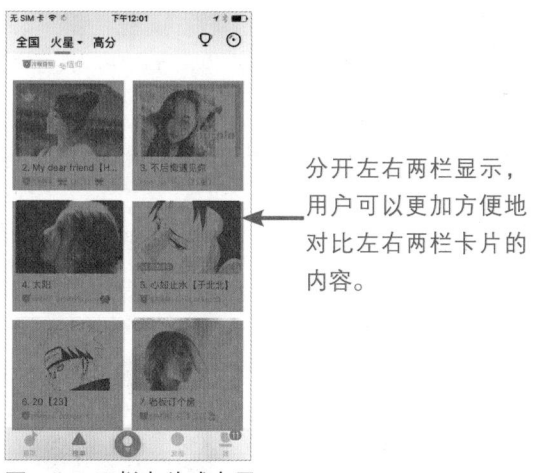

分开左右两栏显示，用户可以更加方便地对比左右两栏卡片的内容。

图2-45　双栏卡片式布局

2.7　iOS系统版式设计规范

版式设计也称版面编辑，即在有限的版面空间里，将版面的构成要素如文字、图片和控件等内容，根据特定的内容进行组合排列。

一个优秀的排版要考虑用户的阅读习惯和设计美感，在UI设计中，版面设计的原则包括对齐、对称和分组等内容。

● 对齐

对齐是贯穿版式设计的最基础、最重要的原则之一，它能建立起一种整齐划一的外观，带给用户有序一致的浏览体验。应用了对齐原则的页面，如图2-46所示。

● 对称

对称是对立统一规律的本质属性，它能呈现一种和谐自然的美，在应用界面的设计中，引导页设计、注册、登录、输入框和按钮等都是对称的设计。应用了对称原则的页面，如图2-47所示。

● 分组

分组是指将同类别的信息组合在一起，直观地呈现在用户的面前，这样的设计能够减少用户的认知负担。在移动端界面的设计中最常见的分组方式就是卡片，它能够为用户选择提供专注而又明确的浏览体验。应用了分组原则的页面，如图2-48所示。

图2-46 应用对齐原则　　图2-47 应用对称原则　　图2-48 应用分组原则

实战练习 03　设计制作iOS 系统App版面

视 频：资源包\视频\第2章\2-7.mp4　　源文件：资源包\源文件\第2章\2-7.psd

● 案例分析

在实际的项目设计中，界面的版式并不局限于单一的类型，如上下、左右或对称，往往在同一个界面中存在两种或两种以上的类型。同一界面的内容在版面的设计编排上也存在多种表现形式。

本案例以一家从事设计与培训教育的公司为例，研发一款移动端App，要求具备突出公司标志、展现公司作品、显示访问量、社交平台转发等功能，完成效果如图2-49所示。

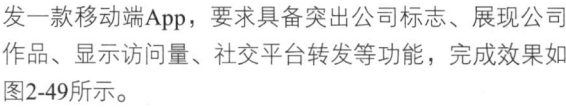

图2-49 设计制作App版面

● 制作步骤

01 将2-1-2.psd文件打开，使用路径选择工具选中状态栏矩形，修改"填充"颜色为#a73a53。选中导航栏矩形，修改"填充"颜色为#da546f，如图2-50所示。

图2-50 修改"填充"颜色

02 使用"移动工具"选中导航栏矩形，按下Alt键的同时向下拖曳复制一个矩形，调整其"填充"颜色为#e1e1e1，如图2-51所示。执行"编辑>自由变换路径"命令，拖动控制点调整矩形大小，完成效果如图2-52所示。

图2-51　复制矩形　　　　　　　　　　图2-52　调整矩形大小

03 在工具箱中选择"圆角矩形"工具，在画板中单击，在弹出的"创建圆角矩形"对话框中设置各项参数，如图2-53所示。单击"确定"按钮，创建圆角矩形，如图2-54所示。

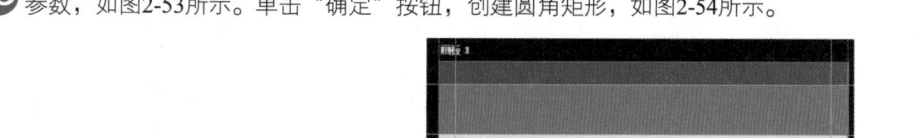
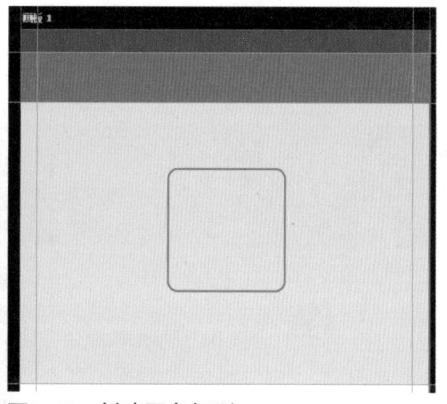

图2-53　设置参数　　　图2-54　创建圆角矩形

04 继续使用"圆角矩形工具"在页面中创建按钮，如图2-55所示。使用"矩形工具"在画板中创建个矩形，如图2-56所示。

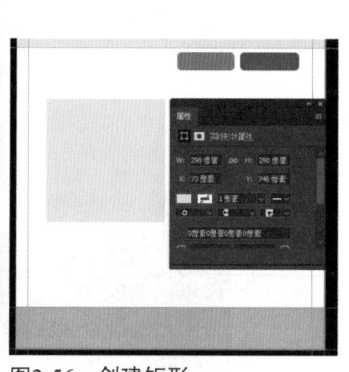

图2-55　创建按钮　　　　　　　　　　图2-56　创建矩形

05 继续创建矩形，如图2-57所示。按下Shift键的同时，使用"移动工具"分别单击选中两个矩形，执行"图层>图层编组"命令，将两个矩形编组，如图2-58所示。

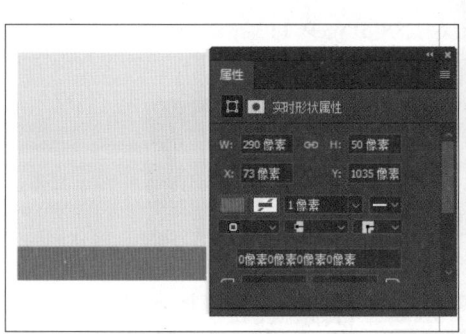

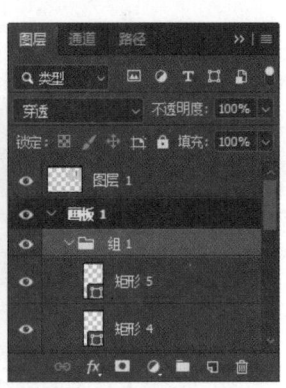

图2-57　继续创建矩形　　　　　　　　　图2-58　编组对象

06 选中"移动工具"，在选项栏上选择"组"，如图2-59所示。拖动复制矩形组，将"矩形1"图层移动到所有图层的顶端，如图2-60所示。

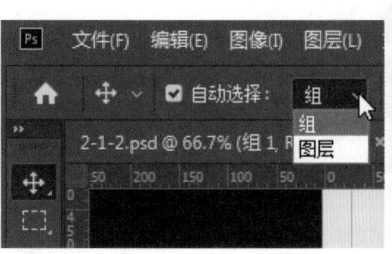

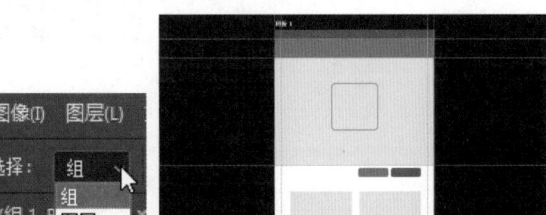

图2-59　选择"组"　　　　　　　　　图2-60　复制矩形组

2.8　iOS系统设计适配

目前iOS设备的尺寸各不相同，如何让一款App能同时在多个不同尺寸的设备上正确显示，是设计师需要着重考虑的问题。

在实际的设计工作中，设计师通常只需要设计一套基准设计图，然后再适配多个分辨率的设备即可。可以选择iPhone 6s/7/8的尺寸作为中间尺寸，以750px×1334px作为基准，向下适配iPhone SE（640px×1136px），向上适配iPhone 6s/7/8 Plus（1242px×2208px）和iPhoneX（1125px×2436px），如图2-61所示。

```
640px×1136px

750px×1334px

1242px×2208px

750px×1624px
1125px×2436px
```

图2-61　适配多个分辨率的设备

2.8.1　向下适配

750px×1334px和640px×1136px两个尺寸的界面都使用2倍的像素倍率，所以它们的切片大小是完全相同的，即系统图标、文字和高度都无须适配，需要适配宽度即可。

打开一款体育App的设计稿，其设计尺寸为750px×1134px，如图2-62所示。调整画板大小为640px×1136px，如图2-63所示。

图2-62　设计尺寸　　　图2-63　调整画板大小

调整画板大小后，设计稿的右边和下边都被裁切，黑色蒙版部分即被裁切部分。画板缩小成640px×1136px。

导航栏中的标题重新居中。由于750px/640px的比值约为1.17，因此焦点图的高度除以1.17后居中，宽度为640px，如图2-64所示。中间的入口图标向左移动，保持两侧边距一致，并使图标的间距等宽，如图2-65所示。

图2-64　适配导航栏　　　图2-65　适配按钮

继续使用相同的方法对设计稿下部分的图片和文字进行适配，适配完成后的对比效果如图2-66所示。

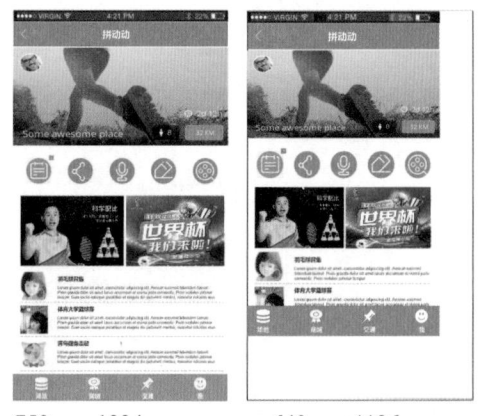

750px×1334px　　　　640px×1136px

图2-66　适配iPhone SE的对比效果

2.8.2　向上适配

向上适配需要适配两种尺寸，iPhone 6s/7/8 Plus和iPhoneX，下面逐一进行讲解。

● 适配iPhone 6s/7/8 Plus

iPhone 6s/7/8 Plus的尺寸为1242px×2208px，为3倍的像素倍率，也就是说1242px×2208px界面上的所有元素的尺寸都是750px×1334px界面上元素的1.5倍。进行适配时，直接将界面的图像大小变为原来的1.5倍，再调整画板大小为1242px×2208px，最后调整界面图标和元素的横向间距的大小即可完成适配。

首先将750px×1334px的画板尺寸调整为150%，也就是1125px×2001px，设计稿中的图片跟随画板尺寸变化增大为原尺寸的150%。调整前后的对比效果，如图2-67所示。

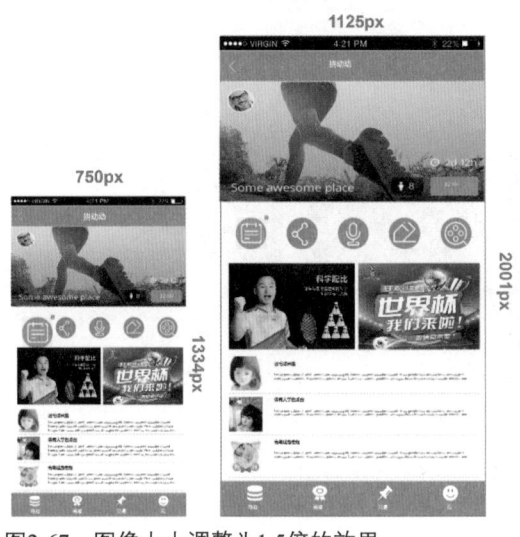

图2-67　图像大小调整为1.5倍的效果

接下来将1.5倍之后的1125px×2001px界面的画板调整为1242px×2208px。

导航栏中标题居中，由于1242px/750px的比值约为1.65，因此焦点图的高度除以1.65后居中，宽度为1242px。中间的入口图标向右移动，保持两侧边距一致，并使图标的间距等宽，如图2-68所示。同时需要注意页面中的装饰线和分割线保持1px。

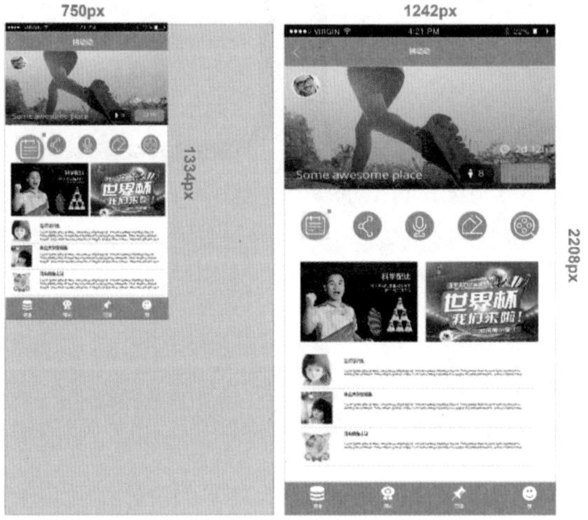

750px×1334px　　　　1242px×2208px

图2-68　适配iPhone 6s/7/8 Plus对比效果

● 适配iPhone X

与苹果公司之前发布的iOS设备相比，iPhone X的像素分辨率发生了变化，即1125px×2436px。与iPhone 6相比，iPhone X的顶部状态栏增加为88px，底部增加了高度为68px的主页指示器，如图2-69所示。

在实际工作中为了方便向上适配和向下适配，仍然可以选择熟悉的iPhone 6（750px×1334px）的尺寸作为模板进行设计，将高度增加290px，其设计尺寸为：750px×1624px（@2x）。设计完成之后将设计稿的图像大小拓展1.5倍即可得到1125px×2436px（@3x）的尺寸。

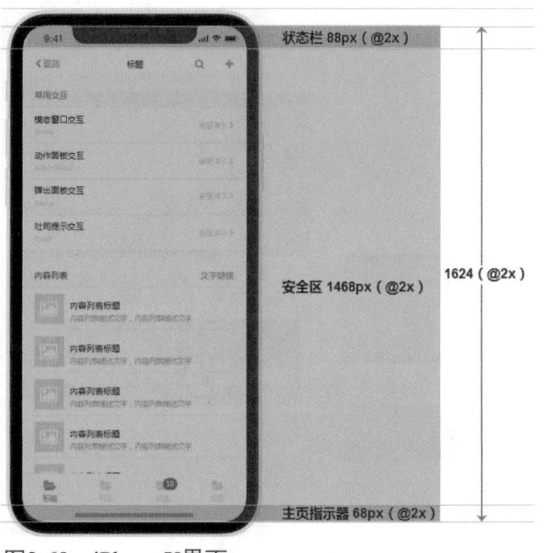

图2-69　iPhone X界面

适配主页指示器有两种情况：当底部出现标签栏、工具栏等功能操作设计时，需要将底色下延68px并填充原有颜色，这样处理可以让底部设计更加简洁舒适，如图2-70所示。当没有功能操作时，页面底部不需要填充颜色，只需遮盖主页指示器即可，如图2-71所示。

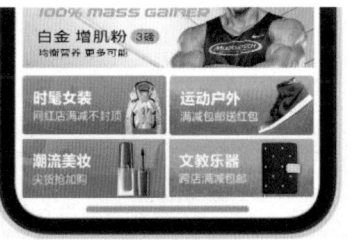

图2-70　底色下延适配主页指示器　　图2-71　直接遮盖主页指示器

 对大多数采用瀑布流的界面来说，如果仅仅是屏幕高度上的变化，则可以无视。但对于如新手引导页、音乐播放器等需要单屏显示的界面就需要重新布局。

2.9　iOS切图规范

界面设计完成并请客户或领导确认后，设计师即可将界面设计提供给开发工程师。由于移动端界面较为简单，通常只需要对图标和按钮进行切图。文字、线条和一些标准的几何形状是不需要切图的，例如，各种文本框表单只需要在标注中描述它的尺寸、圆角大小、背景色值、不透明度，开发工程师可以用代码实现这种效果，如图2-72所示。

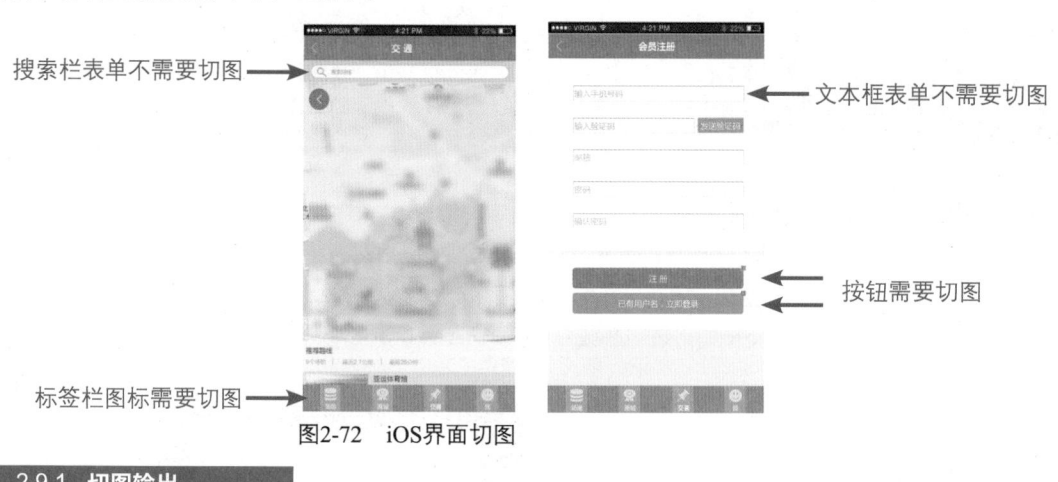

搜索栏表单不需要切图 ⟶

⟵ 文本框表单不需要切图

⟵ 按钮需要切图

标签栏图标需要切图 ⟶

图2-72　iOS界面切图

2.9.1　切图输出

当设计稿定稿后，设计师需要对设计稿进行切图后提供给开发工程师，通常设计师只需要对图标和广告图片进行切图即可，文字、线条和颜色可以交给后期的工程师来做。

● 全局性的切图常见问题

（1）所有设计尺寸，包括图形效果，应该尽量使用偶数。

（2）技术开发使用的尺寸是设计稿像素尺寸的一半，也就是说，如果设计师用24px的字体，开发工程师那边就设置为12px。

（3）切图尺寸应该多提供几套。导出多套切图资源是为了满足不同的分辨率，用户可以简单理解为倍数关系。如果使用iPhone 6的尺寸设计，那么切片输出就是@2x，缩小2倍就是@1x，扩大1.5倍就是@3x了，如图2-73所示。

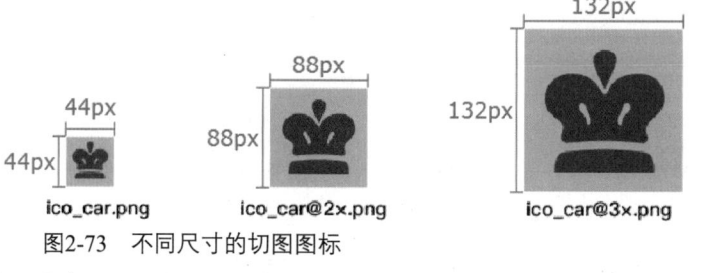

44px
44px
ico_car.png

88px
88px
ico_car@2x.png

132px
132px
ico_car@3x.png

图2-73　不同尺寸的切图图标

为了达到最佳视觉效果，设计师通常会输出三种尺寸的切片资源。而共用资源的图片，输出一张就可以了。共用资源就是重复的界面元素，只要提供一张切片资源就可以了，元素上面的文字是工程师后期添加的。

（4）对于共用的切图资源，理论上按照最佳视觉效果，切图资源应该提供多套尺寸的图片，但在实际工作中通常只提供最大尺寸的一张图片即可，这一点需要设计师和工程师协调沟通好。共用切图资源如图2-74所示。

（5）切图的输出格式为png 24、png 8和jpg的格式，在jpg和png两种格式的图片大小相差不是很大的情况下，推荐使用png格式；如果图片大小相差很大，则可以使用jpg格式。

● 图标点击区域

iOS人机指导手册里推荐的最小可点击元素的尺寸为44pt×44pt，在设备上1pt等于1px，所以转换成像素就是44px×44px，换算成物理尺寸大概是7mm。

 人机工效学研究中得出的结论是：用食指操作，触击范围在 7mm 左右合适；用拇指操作，触击范围在 9mm 左右合适。

使用这个尺寸，是为了用户在操作时不容易出现误操作或误点击的现象，如果小于这个尺寸，点击就会变得不太准确，注重用户体验的苹果公司定义的最小点击尺寸是有理有据的。

如果为了图标效果精致，会将图标做得小一些，那么切图输出的时候，就要考虑用户点击难易度的问题。所以在切图的时候，涉及需要点击的小图标时，普通屏幕需要切44px大小，高清屏幕需要切88px大小。如果图标为异形图标，不够的用透明区域补全，如图2-75所示。否则用户点击的时候会比较困难，并且很不灵敏。

图2-74　共用切图资源

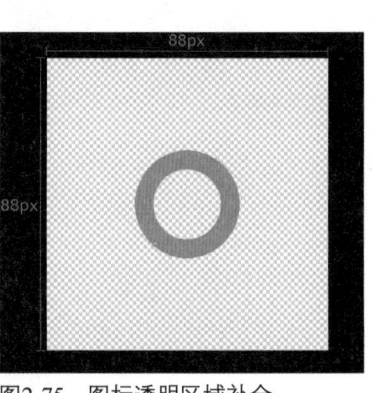

图2-75　图标透明区域补全

● 按钮和图标的不同状态

如果界面中的每个图标或按钮有不同的状态，那么每一种不同的状态都需要进行切片输出。比如按钮有默认、按下、选中和禁用等多种状态。

其中最常出现的就是normal、pressed和disabled，某些特定按钮控件会呈现选中状态，具体情况需要具体分析。图标和按钮的不同状态如图2-76所示。

normal	pressed	selected	disabled
确定	确定	确定	确定
默认	按下	选中	禁用

图2-76　图标和按钮的不同状态

实战练习 04　使用Photoshop切图输出

视　频：资源包\视频\第2章\2-9-1.mp4　　　源文件：无

● 案例分析

本案例中将使用Photoshop中的切片工具完成对设计稿中图标的切图输出。首先将设计稿中的图标重新排列在一张新的画板中，同样尺寸的图标间距相同，如图2-77所示。这样做的好处是可以为图标建立个控件库，有利于图标的管理。

图2-77 排列图标

● 制作步骤

01 给每一个图标建立好参考线之后，可以使用Photoshop自带的切片工具或执行"图层>新建基于图层的切片"命令，创建的切片如图2-78所示。为了获得准确的按钮图片，在输出前应将背景图层隐藏。执行"文件>导出>存储为Web所用格式（旧版）"命令，如图2-79所示。

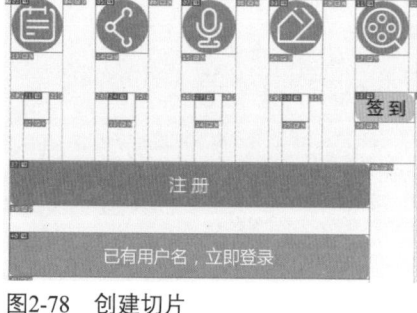

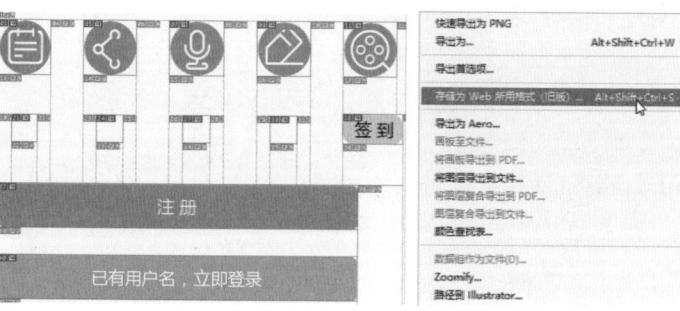

图2-78 创建切片　　　　　　　　　图2-79 执行命令

02 在弹出的"存储为Web所用格式"对话框中选择导出格式为PNG格式，如图2-80所示。单击"存储"按钮即可完成切片图标的输出，如图2-81所示。

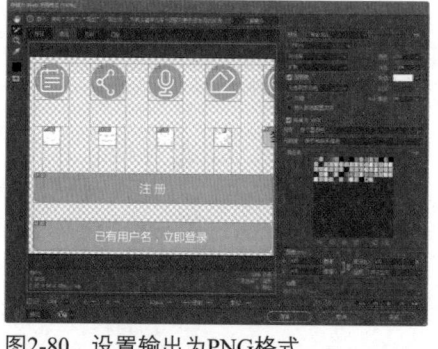

图2-80 设置输出为PNG格式　　　　　图2-81 切图输出效果

提示
用户也可以使用一些第三方的切片输出软件或 Photoshop 的插件完成图标的切片输出，例如 PxCook 和 Assistor PS。关于其他软件和插件的使用方法，将在后面章节中详细讲解。

提示
在设计的过程中，通常会根据领导或客户的要求对设计文档反复修改。需要注意的是，修改前的旧版文件要尽量保存，不要轻易删除。因为你永远无法保证领导或客户最终会选择哪一个版本。

2.9.2 切片命名规范

一款产品的落地，必将先经历过需求分析、产品定位、项目拟定、功能分析、原型设计、设计稿输出，接下来再到开发。切图、标注是设计与开发需要沟通的步骤之一。

对项目来说，产品的优化迭代是必须的。遇到突发情况时，比如完成了设计后，要改动某个图标，在众多的图片中找起来非常麻烦。所以养成良好的命名习惯很重要，既可以方便产品修改与迭代，又可以方便与设计团队及开发人员沟通。

 切片命名规范并不是唯一的，工作上需要的命名也不相同，唯一的目的就是要清晰。命名规范也就是要告诉开发人员，文件是什么、在哪里、第几页、什么状态。

通常切片输出的图片都会以英文命名，其命名规范有以下3个原则。

（1）较短的单词可通过去掉"元音"形成缩写。

（2）较长的单词可取单词的头几个字母形成缩写。

（3）此外还有一些约定俗成的英文单词缩写。

以下提供3种命名规则供读者参考使用，具体使用时还要与团队成员多沟通。

（1）产品模块_类别_功能_状态.png。

例如：发现_图标_搜索_点击状态.png可以命名为found_icon_search_pre.png。

（2）场景_模块_状态.png。

例如：登录_按钮_默认状态.png可以命名为login_btn_nor.png。

（3）产品模块_场景_二级场景_状态.png。

例如：按钮_个人_设置_默认状态.png可以命名为btn_personal_set_nor.png。

 所有命名只能为小写英文字母，首字母不要大写，也不可以为中文，这对开发人员来说是没有意义的，他们还需要自己再改一遍。

切图基本命名规范如表2-6所示。

表2-6　切图基本命名规范

分类	命名	解释
名词命名	bg（backgrond）	背景
	nav（navbar）	导航栏
	tab（tabbar）	标签栏
	btn（button）	按钮
	img（image）	图片
	del（delete）	删除
	msg（message）	信息
	icon	图标
	content	内容
	left/center/right	左/中/右
	logo	标识

续表

分类	命名	解释
名词命名	login	登录
	register	注册
	refresh	刷新
	banner	广告
	link	链接
	user	用户
	note	注释
	bar	进度条
	profile	个人资料
	ranked	排名
	error	错误
操作命名	close	关闭
	back	返回
	edit	编辑
	download	下载
	collect	收藏
	comment	评论
	play	播放
	pause	暂停
	pop	弹出
	audio	音频
	video	视频
状态命名	selected	选中
	disabled	无法点击
	highlight	点击时
	default	默认
	normal	一般
	pressed	按下
	slide	滑动

同时需要注意，iOS切图需要在命名后加上@2x、@3x后缀名。例如，一个首页处于正常状态下的按钮命名是 home_btn_nor@2x.png。

2.9.3　设计稿标注

当界面设计定稿之后，设计师需要对界面进行标注，方便开发工程师在还原界面时进行参考。完美标注的设计稿其实是一张准确的工程图纸，能够让开发重构人员进行像素级还原，这是源文件本身必须做的规范标准。页面从整体到局部细节，其中每个元件的摆放位置、大小尺寸、色彩都遵循一定标准，有规律、有章法、有延续性。

● 列一份总表

项目中通用的元素，如背景、基本主色、线条等；常用的模块，如头部栏、底部栏的属性样式，它们都会在每个页面中反复出现。只需统一声明一次，以后就不用重复声明了。

可以选择一幅具有代表性的页面进行说明，如图2-82所示。

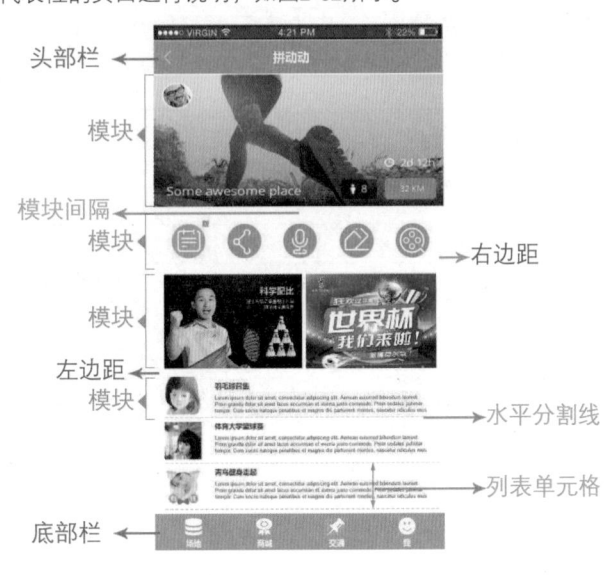

头部栏

模块

模块间隔

模块 → 右边距

模块

左边距

模块

底部栏 → 水平分割线

列表单元格

图2-82 标注总表配图

然后将声明写成一篇文档或做成一份表格或制成一张图，如图2-83所示。将声明文档交给开发工程师，就能解决页面中的许多问题。罗列越详细，后面要标注的内容就越少。

图2-83 声明文档

● 位置与尺寸标注

元素的位置标注，只需要标注这个元素在它的父级容器的相对位置，而不是标注它在整个页面中的全局位置。错误的标注方式如图2-84所示。因此通常先把大模块划分好，然后再标注里面的子元素。正确的标注方式如图2-85所示。

图2-84 错误的标注方式

图2-85 正确的标注方式

由于屏幕规格的多样性，位置与尺寸并不是固定的值。设计师要会剖析自己的设计稿，了解每个模块的构成。

在垂直维度上，图标、文字、栏目容器等大多数页面元素并不发生变化，页面总高度的增加会让之前无法看全的内容显示更多。所以垂直高度和垂直距离直接标注数值即可，如图2-86所示。

含有可变图片（广告banner、内容配图等）的容器例外。当图片宽度拉伸的时候，为了保证图像比例不变形，高度也会同步拉伸，从而撑高其父级容器。所以，通常不用标注容器的高度，标注内部元素之间的垂直间距即可，如图2-87所示。也就是说，容器的高度，由它的内容来决定。

图2-86　标注垂直高度

图2-87　标注内部元素

在水平维度上，页面元素的宽度拉伸适配情况较为复杂，比较常见的有等分适配、百分比伸缩适配和固定一边适配，如图2-88所示。

等分适配

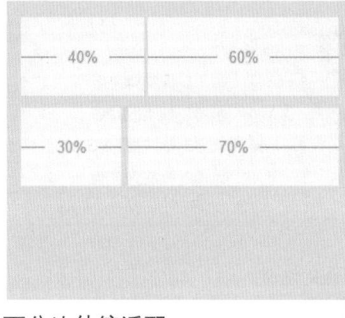

百分比伸缩适配

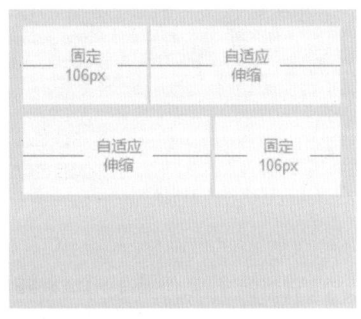

固定一边适配

图2-88　宽度适配情况

在标注横向宽度之前，要弄清楚设计稿采用哪种分割结构，然后再开始标注工作。由于手机屏幕空间比较有限，从交互体验上来讲，应该不会出现比上述更复杂的结构划分方式。如果有，那说明这个界面设计得过于复杂，需要好好反思优化。

在划分完大的模块结构后，接下来开始标注内部的元素。元素在垂直方向上通常都是"居顶"，水平方向上就只有"居左""居中""居右"这几种情况。居左的元素只需标注与父级容器的左边距，居右的元素只需标注右边距，居中的元素只需注明"居中"即可，如图2-89所示。

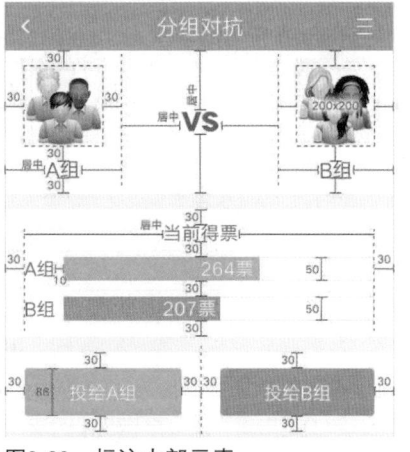

图2-89　标注内部元素

所有标注必须使用偶数，这是为了保证最佳的设计效果，避免出现0.5像素的虚边。

● 色彩与字号标注

标注的色彩单位使用Hex值（如：#fffff）；文字字号单位使用像素（px），同时，如果是多行文本，则需要将行高参数标注出来。

标注所用的文字和线条色彩，要与背景图像有较大反差。可以添加描边或外发光效果，便于区分。对于设计比较复杂的设计稿，可以将其拆分成两个标注页面，一个专门标注位置和尺寸，另一个专门标注色彩与字号。二者既互不干扰，又方便阅读。

 界面标注的作用是给开发工程师提供参考，因此在标注之前需要和开发工程师进行沟通，了解他们的工作方式，标注完成之后宣讲注意事项，以便于开发工程师更快捷高效地完成工作，并且最大限度地完成视觉的还原。

2.10 提交最终文件

完成最终的切图与标注后，UI设计师要与开发工程师充分沟通，将每一个页面的切片资源单独放在一个文件夹里面，并为该文件夹命名，以便于开发工程师直接套页面使用。

在通常情况下，UI设计师需要向开发工程师提交项目源文件、页面效果图、页面标注图和页面切片。最终资源文件夹如图2-90所示。

图2-90　最终资源文件夹

2.11 本章小结

本章详细介绍了iOS系统界面设计的标准和规范。通过本章的学习，读者能够熟悉并理解在iOS系统中设计制作App界面时的尺寸定义规范、组件规范、字体大小要求和界面布局风格等内容。尤其要理解并能够熟练完成不同尺寸设备间的适配操作，以及完成UI设计后，掌握与开发工程师间的合作与沟通方法。

第3章 Android系统界面设计

Android系统是Google公司开发的一款移动操作系统，其主要应用于智能手机和平板电脑等移动设备。本章将针对Android系统的界面设计规范进行讲解，帮助读者了解在Android系统中完成App应用程序的界面设计的流程和技巧。

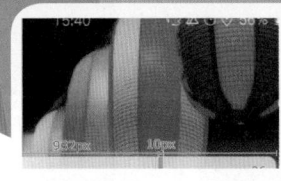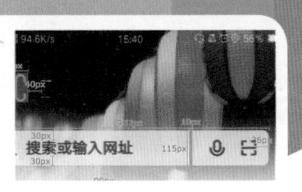

3.1　了解Android系统"碎片化"

Android是一款开源的系统，免费提供给各大厂商使用，国内外有很多手机厂商都采用Android系统，例如小米、华为、三星等。由于各厂商的设备繁多，版本各异，分辨率不统一等情况，造成了所谓的Android系统碎片化严重的情况。

Android制造商的品牌和Android手机型号一样繁多，任何一家企业都可以变成Android的制造商。Android系统的设计面向庞大的产品类别，从手机、平板到任何出人意料的设备，比如电冰箱和烤箱。

图3-1所示为不同厂商Android设备的尺寸。这张图片显示的内容充分说明当今Android系统碎片化问题的严重性，因为该图片中的每一个矩形都代表一种Android设备。

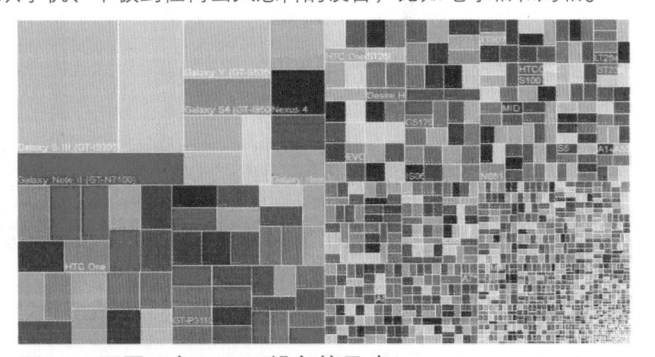

图3-1　不同厂商Android设备的尺寸

 随着时间的累积，Android 系统的版本也慢慢变得十分"碎片化"。新的版本不断推出，但是旧的版本没有立刻淘汰，似乎有长期共存的趋势。

图3-2所示为Android设备屏幕尺寸的示意图，在这张图中，蓝色矩形的大小代表不同的设备尺寸，颜色深浅则代表所占百分比的大小。图3-3所示为iOS设备需要适配的屏幕尺寸和占比。

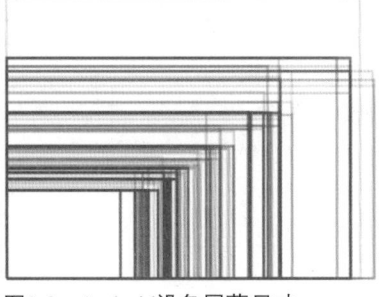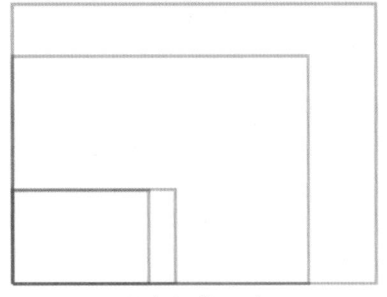

图3-2　Android设备屏幕尺寸　　　图3-3　iOS设备屏幕尺寸

两张图相比较可以看出，Android设备的屏幕"碎片化"比iOS设备的要严重很多。

随着Android系统的逐渐完善，Google公司也在努力解决"碎片化"问题。在当前情况下，设计师只能通过适配主流设备和有针对性地适配特殊设备解决"碎片化"问题。要想做好Android系统的适配工作，首先要对界面设计的尺寸进行了解。

3.2 Android系统界面设计尺寸

Android设备尺寸众多，各大手机厂商会根据自身产品的硬件情况等自行定义Android系统。按每个屏幕去适配肯定是不现实的。为了解决这个问题，Android手机屏幕有自己初始的屏幕密度，Android系统会根据这些密度不同的屏幕自己进行适配。

3.2.1 了解屏幕密度的概念

屏幕密度指的是单位长度里的像素数量，也就是dpi。图3-4所示的两个手机设备中，同时设置2px宽度的按钮，在屏幕密度较高的手机里显示比较小；而同时设置2dp长度的按钮，在两个手机里显示大小是一样的。

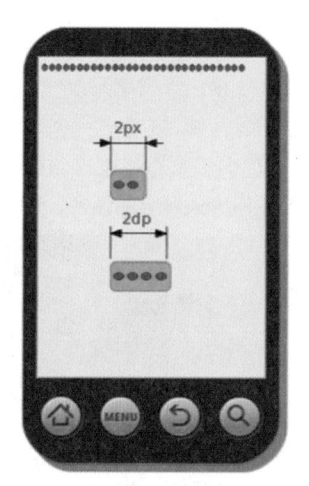 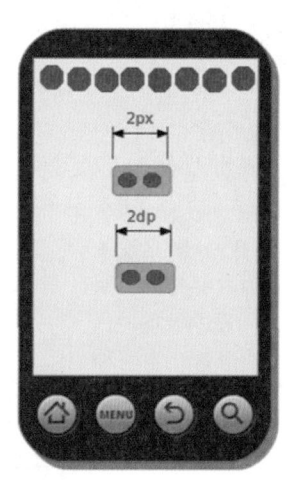

320dpi（1dp=2px）　　　　　　　160dpi（1dp=1px）

图3-4　不同屏幕密度的显示效果

为了简化设计环节，Android系统平台对屏幕进行了区分，按照像素密度分为低密度屏（LDPI）、中密度屏（MDPI）、高密度屏（HDPI）、超高密度屏（XHDPI）、超超高密度屏（XXHDPI）和超超超高密度屏（XXXHDPI）。它们之间的密度比例关系为3：4：6：8：12：16。

Android系统的屏幕像素密度对照表如表3-1所示。

表3-1　Android系统的屏幕像素密度对照表

名称	常见分辨率（px）	像素密度（dpi）	倍率	换算
LDPI	240×320	120	@0.75x	1dp=0.75px
MDPI	320×480	160	@1x	1dp=1px
HDPI	480×800	240	@1.5x	1dp=1.5px
XHDPI	720×1280	320	@2x	1dp=2px
XXHDPI	1080×1920	480	@3x	1dp=3px
XXXHDPI	2160×4096	640	@4x	1dp=4px

一台Android手机的屏幕属于哪一等级的像素密度，可以通过下面的公式来计算。

$$PPI = \frac{\sqrt{(长度像素数^2 + 宽度像素数^2)}}{屏幕对角线尺寸}$$

例如：华为P30手机，6.1英寸，屏幕分辨率为2340px×1080px。

PPI=(2340²+1080²)⁰·⁵/6.1≈422.5，该值接近480，所以该手机的屏幕密度属于XXHDPI。

目前Android系统最高的屏幕密度已经达到XXXDPI级别，但并没有太大的使用价值，因为正常人类的视力在达到Retina屏幕（即分辨率达到300ppi）时，就已经无法分辨像素点了。当然，将来的VR技术会对屏幕密度有更高的要求，届时，也许屏幕密度会有更大的提高。

3.2.2　Android系统开发单位

为了方便计算，Google公司为Android系统独立开发了单位，包括了长度单位dp和字体单位sp。

● 长度单位dp

dp即dpi，是Android系统开发用的长度单位。dp会随着屏幕的不同而改变控件长度的像素数量。在屏幕像素点密度为160ppi时，1dp等于1px。

计算公式：dp×dpi/160=px

例如：以720px×1280px（320dpi）为例。

1dp×320/160=2px

计算得到1dp=2px

● 字体单位sp

sp与dp类似，可以根据用户字体大小的首选项进行缩放。在屏幕像素点密度为160ppi时，1sp等于1px。

计算公式：sp×dpi/160=px

例如，以720px×1280px（320dpi）为例。

1sp×320/160=2px

计算得到1sp=2px

提示

px即像素，是电子屏幕上组成一幅图画或照片的最基本单元。pt即点，是印刷行业的常用单位，也是iOS系统的字体单位。

3.2.3　Android系统界面设计尺寸

市场上Android系统的手机机型非常丰富，它们的屏幕尺寸和分辨率也各不相同。那么，如果设计师想要设计一款Android系统的App界面，应该使用多大的尺寸呢？

从目前市场主流设备尺寸来看，设计师可以采用1080px×1920px作为Android系统设计稿的标准尺寸，其代表机型为Google Pixel 2，如图3-5所示。

提示

1080px×1920px在Android设备中属于中间的尺寸，选用它作为标准尺寸，可以使设计师充分发挥想象力，设计出精美的App界面，同时这个尺寸在向上或向下适配时，调整的幅度最小，最方便适配。

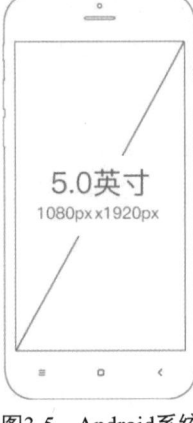
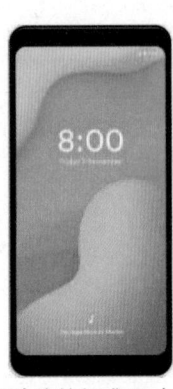

图3-5　Android系统设计稿的标准尺寸

实战练习 01　　**使用Adobe XD创建Android文档**

视　频：资源包\视频\第3章\3-2-3.mp4　　　源文件：资源包\源文件\第3章\3-2-3.xd

● 案例分析

　　本案例将使用Adobe XD完成一个Android标准尺寸文档的创建，创建效果如图3-6所示。通过使用Adobe XD预设和自定义尺寸两种方法创建文档。在帮助读者了解Android系统标准尺寸的同时，让读者可以掌握使用Adobe XD创建文档的方法。

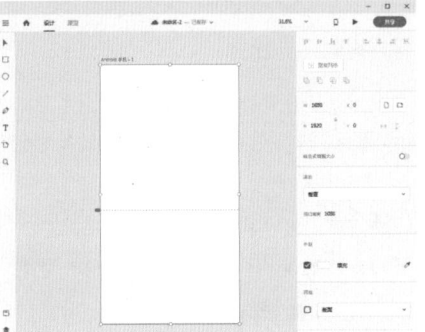

● 制作步骤

图3-6　创建Android文档

01 启动Adobe XD软件，软件界面如图3-7所示。在软件界面底部的"自定义大小"选项下输入宽度和高度，如图3-8所示。

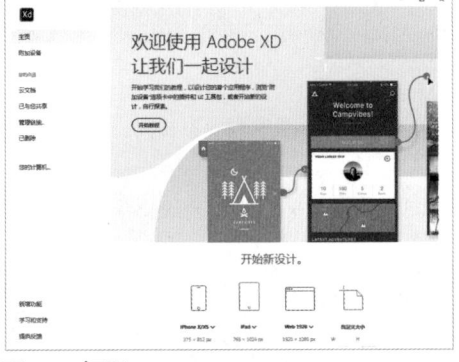

图3-7　打开Adobe XD

图3-8　自定义文档大小

02 单击"自定义大小"图标，即可完成Android App标准尺寸的创建，如图3-9所示。完成文档创建如图3-10所示。

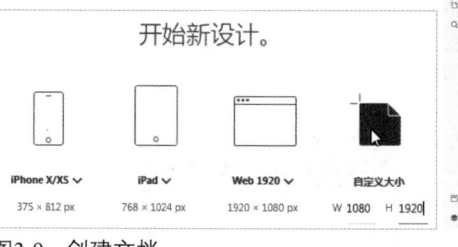

图3-9　创建文档　　　　　　　　　　　　　　图3-10　完成文档创建

03 单击Adobe XD软件左上角的≡图标，在弹出的快捷菜单中单击"新建"命令，如图3-11所示。在弹出的工作界面底部的iPhone X/XS下拉菜单中选择"Android手机（360×640）"选项，如图3-12所示。

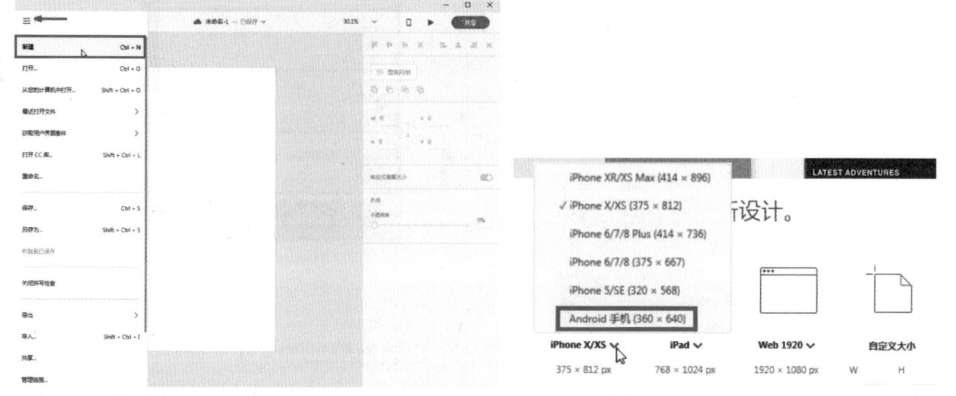

图3-11　新建文档　　　　　　　　　　　图3-12　选择"Android手机（360×640）"选项

04 使用"选择"工具选中画板，在右侧选项栏上激活"纵向"图标，并修改宽度为1080px，高度为1920px，如图3-13所示，界面效果如图3-14所示。

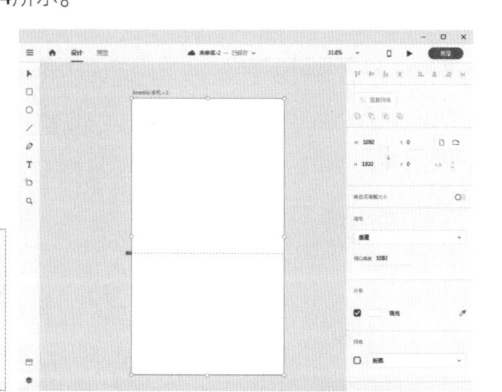

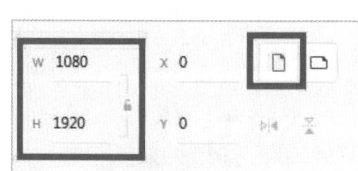

图3-13　设置文档　　　　　　图3-14　完成Android标准尺寸文档创建

提示　创建文档后，在选中画板时，画板的左侧会出现一个蓝色的双线图标，拖动该图标会改变 App 首屏滚动前用户在屏幕上看到的内容。关于其具体的使用方法，将在本书之后的章节中详细讲解。

3.3 Android系统组件设计尺寸

与iOS系统一样，Android系统也包含了状态栏、导航栏和标签栏3个系统组件。由于Android系统设备种类非常多，不同分辨率设备中的组件尺寸也可能不相同。

3.3.1 Android系统组件尺寸

在实际的设计工作中，不同分辨率的界面组件尺寸也不相同。采用了1080px×1920px为标准尺寸设计的界面中各组件的名称与高度，如图3-15所示。

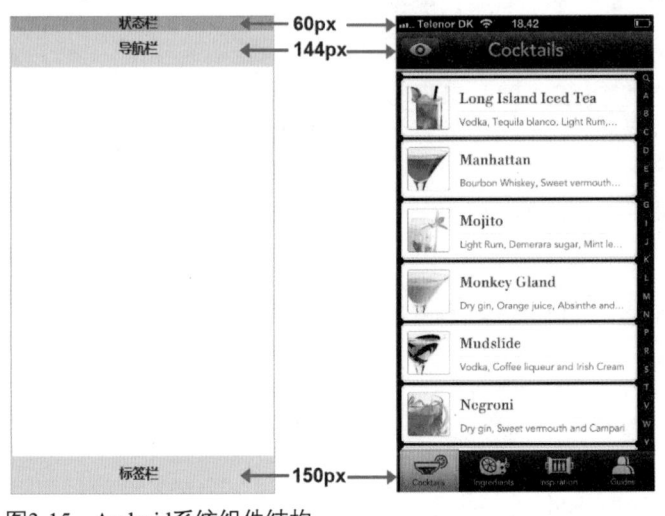

图3-15　Android系统组件结构

3.3.2 Android系统的元素间距

为了保证用户在Android系统界面中阅读的流畅性，必须对Android系统界面设计元素的间距有一个明确的规定。

最新的Material Design（材料设计语言，之后简称MD）规范，发明了一个8dp原则的栅格系统。这个规范的最小单位是8dp，一切距离、尺寸都选取8dp的整数倍。如果按照MD规范设计界面，则界面排版如图3-16所示。

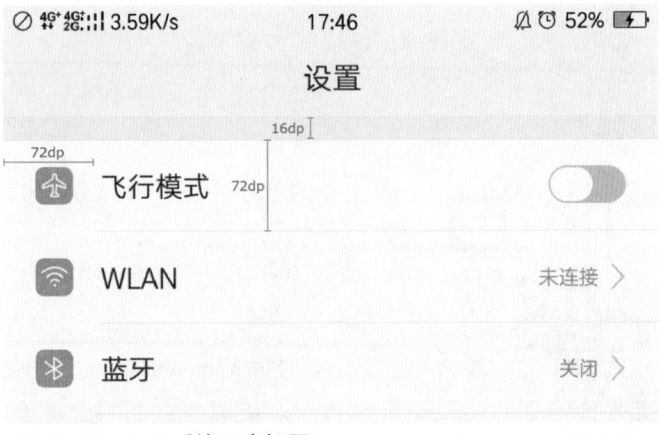

图3-16　Android系统元素间距

由图3-16可以看出，界面的列表高度为72dp，列表项的间距为16dp，这些数值都是8dp的整数倍。界面的左右边距可以设置为8dp～32dp，如果带有图标或头像内容，则可以设置为72dp。

实战练习 02 创建Android系统界面的组件

视 频：资源包\视频\第3章\3-3-2.mp4　　　　源文件：资源包\源文件\第3章\3-3-2.xd

● 案例分析

　　Android系统中的组件是组成Android系统界面的基本元素，包括信息栏、导航栏和标签栏。本案例将使用Adobe XD完成一个Android系统中组件的绘制，完成效果如图3-17所示。通过案例的制作，读者应熟悉Android系统界面的基本结构和参数。

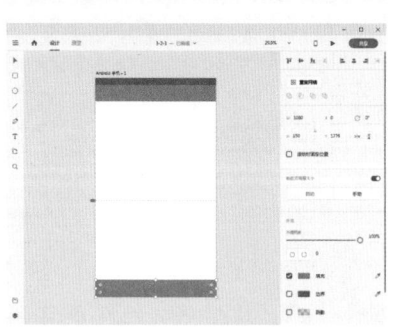

图3-17　创建Android系统界面的组件

● 制作步骤

01 激活工具箱中的"矩形"工具，在画板中按下鼠标左键拖动绘制矩形，如图3-18所示。在右侧选项栏中设置尺寸和填充颜色，如图3-19所示。

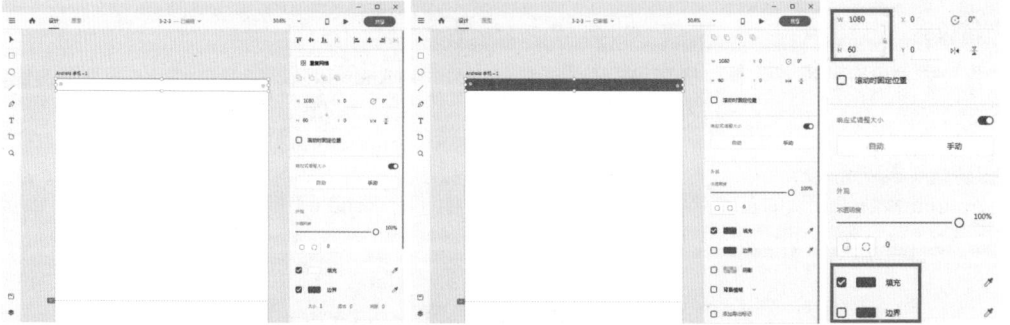

图3-18　绘制矩形　　　　　　　图3-19　设置矩形参数

提示　在绘制图形时，按下 Ctrl+Z 组合键可以撤销操作，多次按下 Ctrl+Z 组合键可以逐步撤销操作。按下 Ctrl+Shift+Z 组合键，可以再次执行撤销前的操作。

02 使用"选择"工具选中矩形，按下Alt键的同时向下拖动，复制矩形，如图3-20所示。修改复制矩形的高度和填充颜色，效果如图3-21所示。

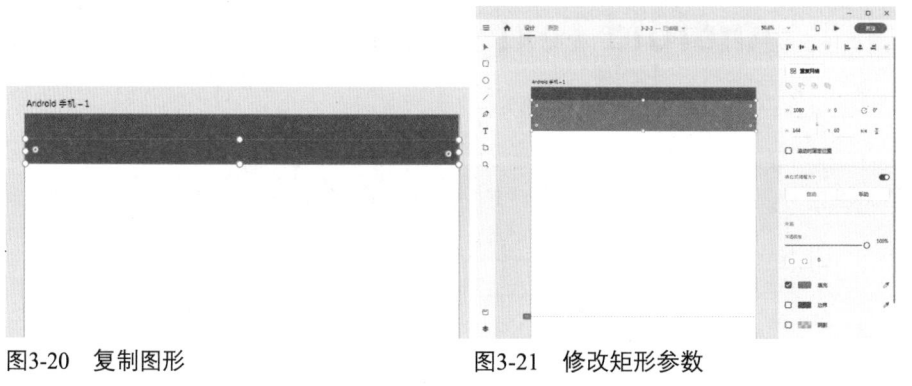

图3-20　复制图形　　　　　　　图3-21　修改矩形参数

提示 在绘制图形时，按下 Shift 键可以保证在水平方向或垂直方向上绘制。在拖动图形时，按下 Shift 键可以保证在水平方向或垂直方向上移动对象。

03 使用相同的方法制作底部标签栏，修改其高度并填充颜色，完成效果如图3-22所示。单击工作界面左上角的 ≡ 图标，在弹出的快捷菜单中单击"保存"命令，将文件保存为3-3-2.xd，如图3-23所示。

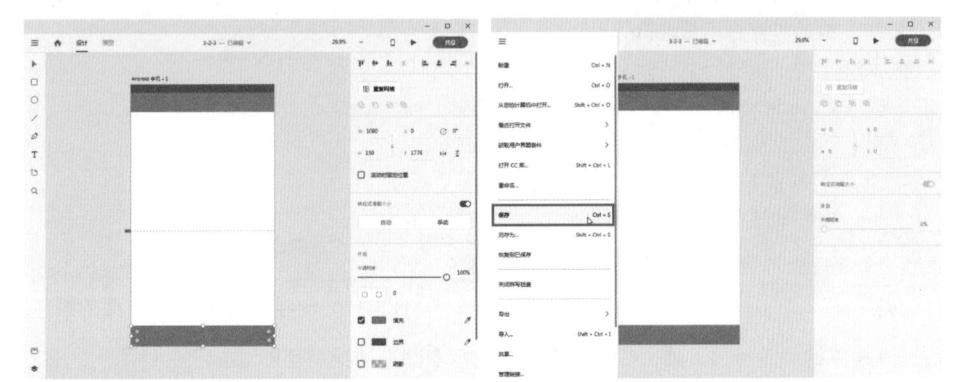

图3-22　制作底部标签栏　　　　　　图3-23　保存文件

3.4　Android系统文字设计规范

为了追求更好的视觉效果，提高用户体验，Google公司对Android系统中的文字字体和字号的使用有严格的规定。

3.4.1　字体

Android系统中默认的英文字体为Roboto，如图3-24所示。Roboto有6种字型，分别是Thin、Light、Black、Medium、Bold和Regular，如图3-25所示。

Android Text

图3-24　Roboto字体

Android Text
Thin

Android Text
Light

Android Text
Black

Android Text
Medium

Android Text
Bold

Android Text
Regular

图3-25　Roboto字体的6种字型

Android系统中默认的中文字体为思源黑体，其英文名称为SourceHanSansCN。这种字体与微软雅黑很像，是由Google公司与Adobe公司合作开发的，支持中文简体、中文繁体、日文和韩文，如图3-26所示。

图3-26　思源黑体

该字体字型较为平稳，利于阅读，有ExtraLight、Light、Normal、Regular、Medium、Bold 和Heavy 7种不同的字型，能够充分满足不同场景下的设计需求，如图3-27所示。

安卓中文字体
ExtraLight

安卓中文字体
Light

安卓中文字体
Normal

安卓中文字体
Regular

安卓中文字体
Medium

安卓中文字体
Bold

安卓中文字体
Heavy

图3-27 思源黑体的7种字型

3.4.2 字号

Android系统中界面设计的字号大小与iOS系统中的字号大小差不多，设计时不需要特别改动，保持一致即可。在1080px×1920px的分辨率下，各部分文字的字号如表3-2所示。

表3-2 Android系统部分文字的字号

设计文档（1080px×1920px）	
导航栏标题	52px
常规按钮	48px ~ 54px
内容区域	36px ~ 42px
特殊情况	不限

3.5 Android系统中图标设计规范

Android的图标相对iOS来说较少，按照使用功能可以分为启动图标、导航栏图标和上下文图标。

● 启动图标

启动图标通常是指用来启动App的图标。启动图标在界面中代表App的视觉表现，要确保启动图标在任意壁纸上都清晰可见。

启动图标要有独特的设计风格，能够第一时间吸引用户点击，视觉上要达到从上向下透视的效果，使用户可以感觉到一定的深度，图3-28所示为Android系统的启动图标。

图3-28 启动图标

● 导航栏图标

导航栏图标是简单的平面按钮，用来传达一个单纯的概念，并能让用户对该图标的作用一目了然，图3-29所示为Android系统的导航栏图标。

图3-29　导航栏图标

导航栏的图标为平面风格，通常为流畅的曲线或尖锐的形状，图3-30、图3-31所示为不同颜色的导航栏。

颜色：#FFFFFF

可用：80%透明度

禁用：30%透明度

图3-30　黑色导航栏图标

颜色：#333333

可用：60%透明度

禁用：30%透明度

图3-31　灰色导航栏图标

● 上下文图标

上下文图标是App中用来提供操作或标记特定项目状态的图标。例如，在Gmail App中，消息前的星形图标标记为重要消息，如图3-32所示。

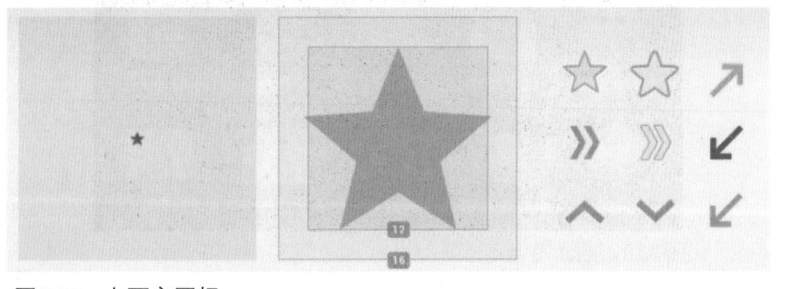

图3-32　上下文图标

3.5.1　图标尺寸

由于Android系统有很多机型，不同分辨率的手机对应的图标大小也不相同。不同分辨率下的图标尺寸如表3-3所示。

表3-3　不同分辨率下的图标尺寸

屏幕大小	启动图标	导航栏图标	上下文图标	系统通知图标	最细画笔
320px×480px	48px×48px	32px×32px	16px×16px	24px×24px	不小于2px
480px×800px 480px×854px	72px×72px	48px×48px	24px×24px	36px×36px	不小于3px
720px×1280px	96px×96px	64px×64px	32px×32px	48px×48px	不小于4px
1080px×1920px	144px×144px	96px×96px	48px×48px	72px×72px	不小于6px

设计师通常只需提供几个常用的图标尺寸就可以了，如图3-33所示。但是通常需要提供2套图标，圆角和直角各一套，以方便在不同的情况下使用。

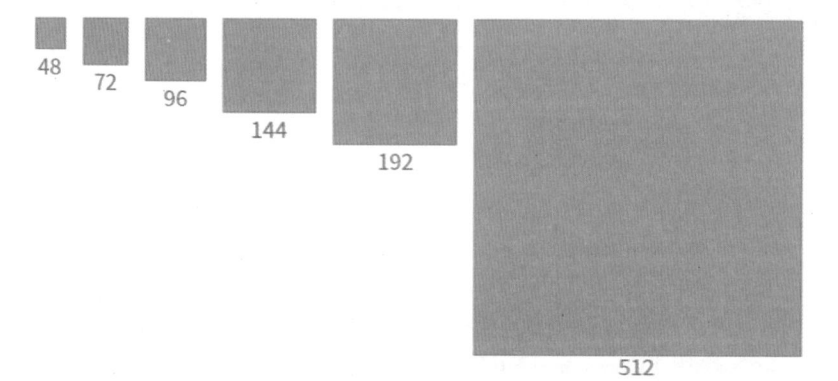

图3-33　图标常用尺寸

Android图标的圆角大小跟屏幕分辨率有直接关系，以1080px×1920px为参考，对应的启动图标尺寸为144px×144px，圆角约等于25px，如图3-34所示。

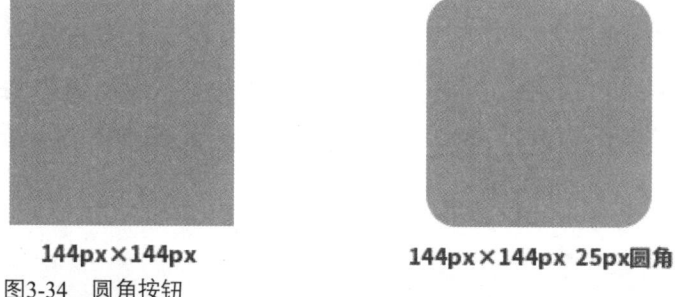

144px×144px　　　　　　**144px×144px 25px圆角**

图3-34　圆角按钮

提示

在实际工作中通常使用矢量设计工具（如 illustrator、Sketch）制作图标，这样可以方便匹配不同的尺寸。为了保留细节和透明背景层，一般把图标保存为 png 格式。

3.5.2 触摸反馈

为了加强手势行为的结果，可以使用颜色和光作为触摸的反馈。用户在任何时候触摸一个能操作区域时都要提供视觉反馈，使用户知道哪些能操作，哪些不能操作。图3-35所示为HOME键的触摸反馈效果。

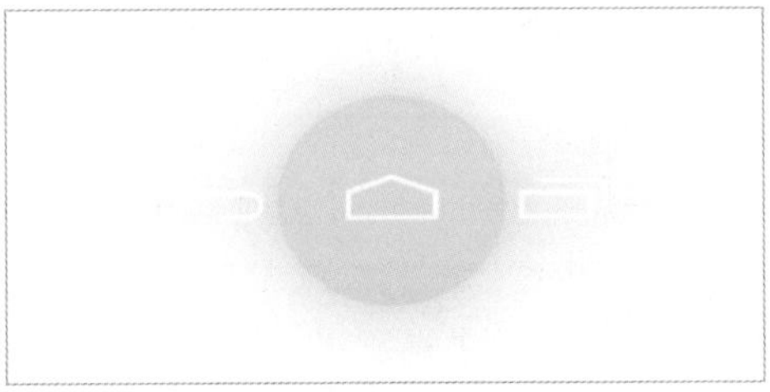

图3-35　HOME键的触摸反馈效果

当用户尝试滚动浏览超过内容边界时，要给出明确的视觉线索。例如，当用户在第一个HOME屏向左滚动时，屏幕的内容就会向右倾斜，让用户知道再往左的导航是不可用的，如图3-36所示。

当操作更复杂的手势时，触摸反馈可以暗示用户操作的结果。例如，在最近任务里，当横划缩略图时，缩略图会变暗淡，暗示横划会引起对象的移除，如图3-37所示。

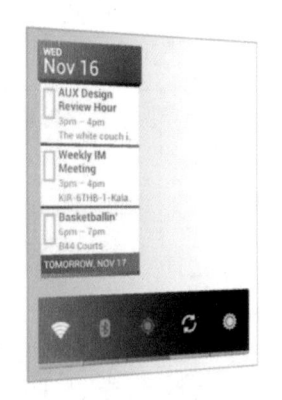

图3-36　屏幕倾斜反馈

图3-37　删除反馈

实战练习 03　绘制Android App界面结构

视　频：资源包\视频\第3章\3-5.mp4　　　源文件：资源包\源文件\第3章\3-5.xd

● 案例分析

在设计Android App界面时，要充分考虑图标的尺寸、元素间距的尺寸和边距的尺寸，这样才能设计出美观的界面。本案例中将在1080px×1920px的尺寸内，完成一个App界面的结构图设计。通过案例的制作，帮助读者理解Android界面中不同尺寸的应用，完成最终效果如图3-38所示。

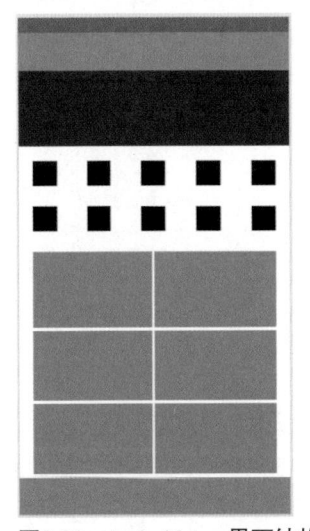

图3-38　Android App界面结构

● 制作步骤

 将3-3-2.xd文件打开，界面效果如图3-39所示。使用"矩形"工具在界面中绘制一个矩形，作为顶部的广告位，效果如图3-40所示。

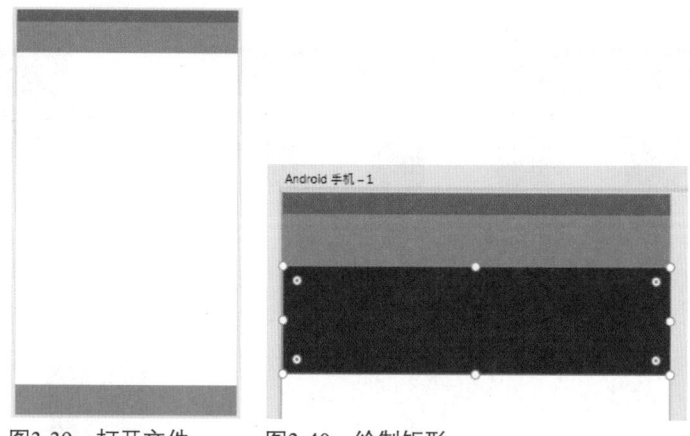

图3-39　打开文件　　　图3-40　绘制矩形

 继续使用"矩形"工具，在界面中绘制一个96px×96px的矩形，如图3-41所示。选中矩形，按下Alt键，界面中将显示出边界信息，拖动调整左边距为56px，如图3-42所示。

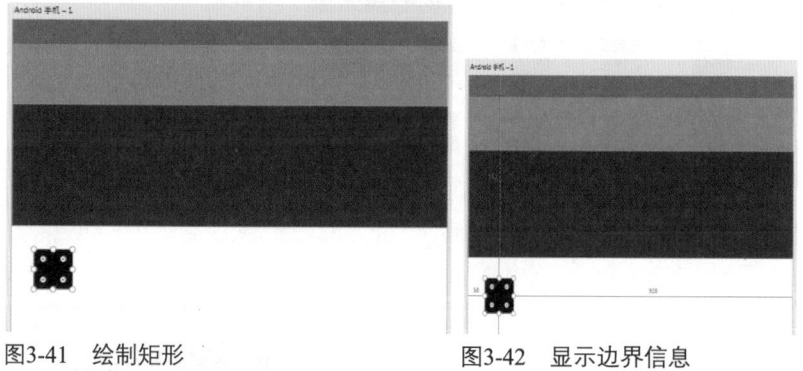

图3-41　绘制矩形　　　　图3-42　显示边界信息

 按下Alt键的同时拖动矩形，复制矩形，将间距设置为122px，如图3-43所示。继续使用相同的方法，复制3个矩形，并注意控制右侧边距为56px，如图3-44所示。

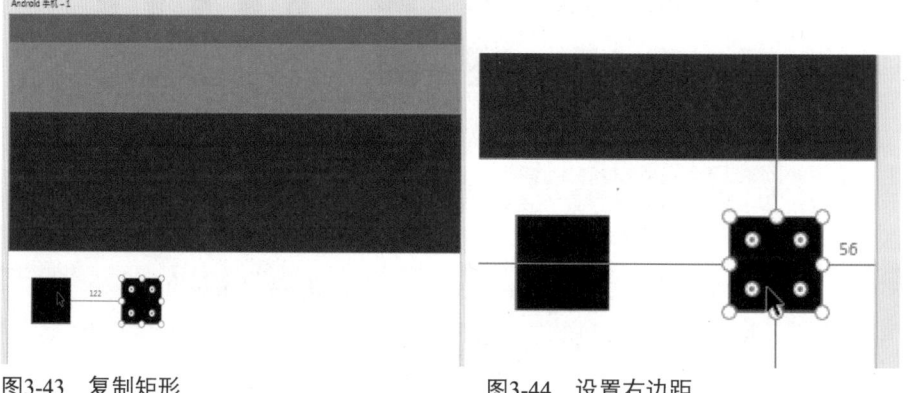

图3-43　复制矩形　　　　图3-44　设置右边距

 拖动选中绘制的矩形图标，调整距顶部矩形的距离为56px，如图3-45所示。

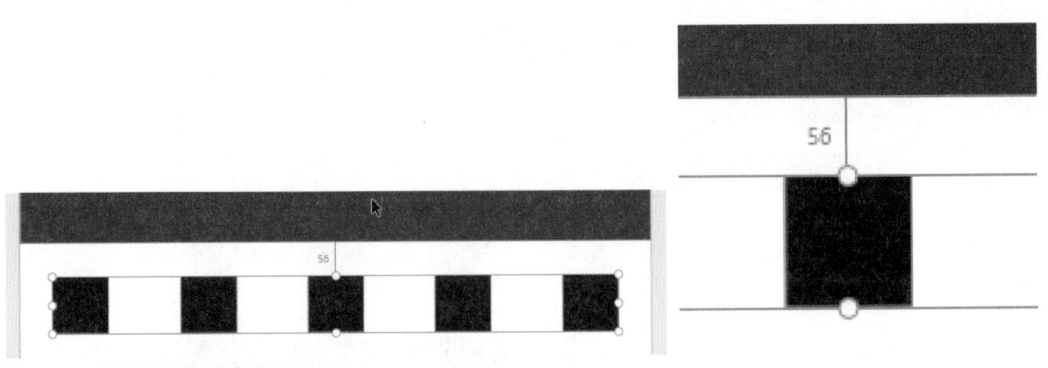

图3-45　设置矩形顶部间距

05 选中所有绘制的矩形，按下Alt键的同时向下拖动复制，效果如图3-46所示。控制间距为80px，如图3-47所示。

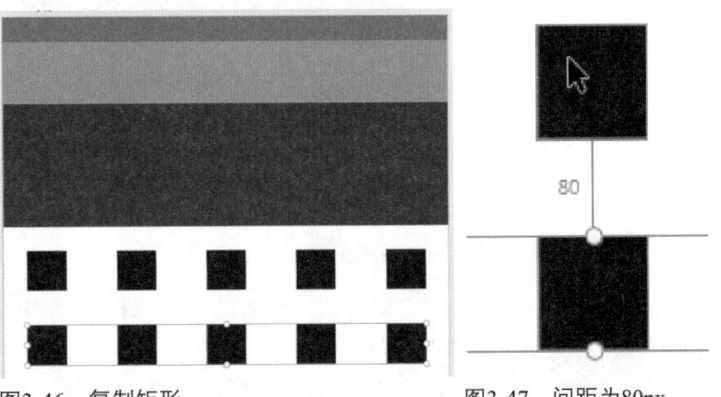

图3-46　复制矩形　　　　　　　　　图3-47　间距为80px

06 使用"矩形"工具绘制一个矩形，如图3-48所示，定义一个功能区域。按下Alt键的同时复制对象，得到效果如图3-49所示。

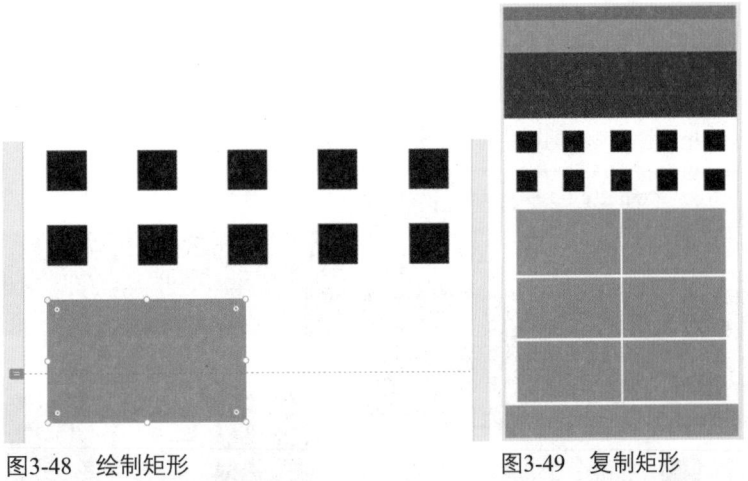

图3-48　绘制矩形　　　　　　　　图3-49　复制矩形

提示

在设置边界和间距时，并没有固定的数值，只需要设置为 8 的整数倍即可。

3.6　Android界面标注与切图

由于Android系统的设备种类众多，设计师完成界面设计后，需要保证界面能够在每个设备上正确显示。要想实现这种效果，就需要开发人员做好不同设备的适配工作。作为设计师，也要做好切图和标注工作。

 由于 Android 系统的适配相对于 iOS 系统要复杂很多，设计师要尽可能详细地与开发工程师沟通，确定统一的工作思路和流程。

3.6.1　Android界面的标注

为App设计稿标注主要为了保证设计稿能够高品质呈现，同时也方便开发工程师能更好地完成界面适配。一个好的设计标注是App设计还原的有效保证，也是提高开发效率的保障。

在对设计稿进行标注时，首先要与开发工程师沟通确定标注的单位。从原则上来说，最好使用dp和sp进行标注，但是有些设计师对dp和sp理解不够，依然选择使用px进行标注。这还是要看具体情况，如果与开发工程师沟通后，在不影响他开发或他能换算清楚的前提下，可以考虑使用px标注。

图3-50所示为Android系统 App的标注界面。

图3-50　Android系统 App的标注界面

根据3.2节所学的内容得知，当设备的屏幕密度为MDPI（160DPI）时，

1dp=1px

1sp=1px

像素字号=屏幕密度/160×sp字号

设计师可以根据上面的公式计算出设计稿像素字号标注为sp时的数值，例如在XHDPI屏幕密度下，36px的字标注为sp就是18sp，以此类推。

按照不同的屏幕密度换算，图标标注尺寸及实际尺寸大小如表3-4所示。

表3-4　按不同屏幕密度换算图标尺寸

屏幕密度	MDPI	HDPI	XHDPI	XXHDPI
分辨率	320px×480px	480px×800px	720px×1280px	1080px×1920px
密度数	160dpi	240dpi	320dpi	480dpi
图标效果				
切图名称	Icon_alipay.png	Icon_alipay.png	Icon_alipay.png	Icon_alipay.png
标注大小	40dp×40dp	40dp×40dp	40dp×40dp	40dp×40dp
实际尺寸	40px×40px	60px×60px	80px×80px	120px×120px
倍数	1x	1.5x	2x	3x

3.6.2　Android界面的切图

　　为了兼顾目前大部分的Android机型，设计师应向开发工程师提供不同密度中不同尺寸的切图。但这会大大增加设计师的工作量，而且还会占用很大的资源空间。

　　实际上，很多机型已经逐渐淘汰了，很多特殊的分辨率都不需要考虑，具体输出几套方案视项目而定。

　　iOS系统的切图有@2x、@3x之分，Android系统的切图和iOS系统类似，只不过按照dpi进行资源文件夹的命名，如图3-51所示。

mipmap-hdpi　　mipmap-mdpi　　mipmap-xhdpi　　mipmap-xxhdpi　　mipmap-xxxhdpi

图3-51　Android系统切图命名

　　如果图片特别多，则提供5套切图资源会增加工作量。在一般情况下，设计师只需要提供3套切图资源就可以满足开发工程师的适配工作，分别是HDPI、XHDPI和XXHDPI切图资源，如图3-52所示。

mipmap-hdpi　　　mipmap-xhdpi　　　mipmap-xxhdpi

图3-52　3套切图资源

　　设计师可以按照最大尺寸给开发工程师提供一套切图资源使用，以适配到各个屏幕密度。这里提到的"最大尺寸"指的并不是目前市场上Android手机中的最大尺寸，而是指目前流行的主流机型中的最大尺寸。

Android系统产品开发时，设计师需要向开发工程师提供切图文件、标注文件、设计源文件和效果图，如图3-53所示。

图3-53 设计师向开发人员提供的内容

> 提示
>
> 设计师与开发工程师之间做好充分的沟通更重要，因为每一个开发工程师对于切图的需求并不相同。

3.6.3 "点9"切图的应用

"点9"是针对Android开发的一种特殊的切图，为什么叫"点9"？因为"点9"切图的命名后缀为".9.png"，例如：top_button.9.png。

Android平台有很多不同尺寸的屏幕分辨率，"点9"就是为了适配分辨率的多样性而诞生的一种切图。它可以在将切图纵向或横向不断拉伸的同时保留像素的精密，保留质感、渐变，丝毫不影响细节，如图3-54所示为微信聊天气泡应用"点9"切图的效果。

图3-54 "点9"切图的应用

> 提示
>
> "点9"切图只是在技术端进行像素点的拉伸，它既能将图片完美显示在不同分辨率的屏幕上，又可以减少不必要的图片资源。

当用户的切片图内有内容，而切片大小需要根据内容多少来确定尺寸时，就可以使用"点9"切图了。例如切片里有文字，切片的大小会根据文字的多少而撑开，那么这个切片就可以用"点9"来做。

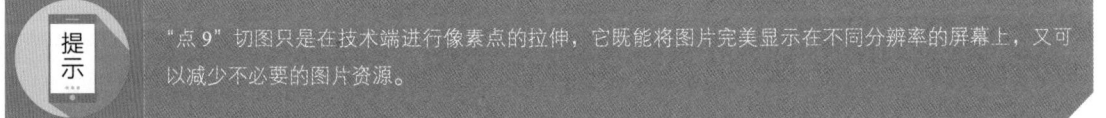

图3-55所示为对话气泡,气泡的尺寸随着内容而撑开。它的上边和左边有两个黑色的小点,这表明了切片的上边和左边为拉伸的区域。

操作:点一个1px×1px的黑点

位置:切片左边和上边外部的1px

图3-55　上边和左边为拉伸区域

图片的右边和下边有两条黑色的线,用来表示填充内容的区域。对话框顶部的三角形内不能有文字,因此右边的黑线并没有将三角形包含进去,填充区域如图3-56所示。

操作:一条高1px,宽自定义的黑色线

位置:切片右边和下边外部的1px

图3-56　填充区域

图片中添加内容后的效果,如图3-57所示。

如果希望图片上下拉伸,可在切片左边外选择拉伸点的位置,点一个黑点,代表要上下拉伸横着的一行红色像素,如图3-58所示。

如果希望图片左右拉伸,可在切片上边外选择拉伸点的位置,点一个黑点,代表要左右拉伸竖着的一行红色像素,如图3-59所示。

图3-57　添加内容效果　　　　图3-58　上下拉伸　图3-59　左右拉伸

如果在切图顶部三角形的两侧都添加一个黑点,如图3-60所示。图片拉伸效果如图3-61所示。

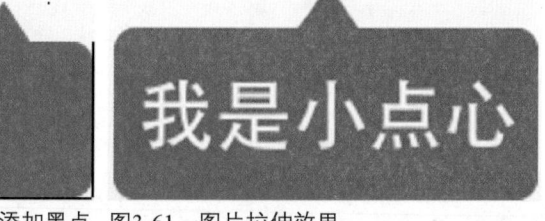

图3-60　添加黑点　图3-61　图片拉伸效果

提示

由于"点9"切图是后期拉伸的,因此输出文件越小越好。在制作"点9"切图时,要与开发工程师多沟通,多尝试。

"点9"切图在Android系统中应用非常多，图3-62所示为标签文本框应用。

图3-62　标签文本框应用

制作"点9"切图是非常麻烦的事情，此处向读者推荐一个优秀的Android设计切图工具，可以在线自动生成"点9"切图。

首先在浏览器地址栏中输入http://romannurik.github.io/AndroidAssetStudio/nine-patches.html，进入图3-63所示的界面。

图3-63　进入网站界面

单击界面左上角的Select image按钮，如图3-64所示。选择要制作的图片文件后，在Source density区域选择屏幕标准，如图3-65所示。

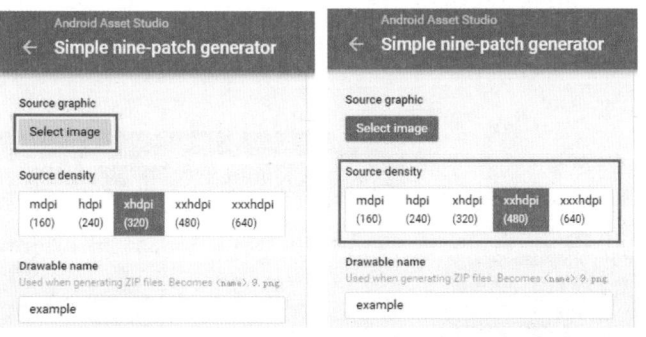

图3-64　选择图片　　　　图3-65　选择输出屏幕标准

提示　网站支持的图片格式有 PNG、JPG、GIF、SVG 和 etc。

然后在Drawable name区域的文本框中输入文件名，如图3-66所示。在Stretch region中单击Auto-stretch（自动伸缩）按钮，效果如图3-67所示。

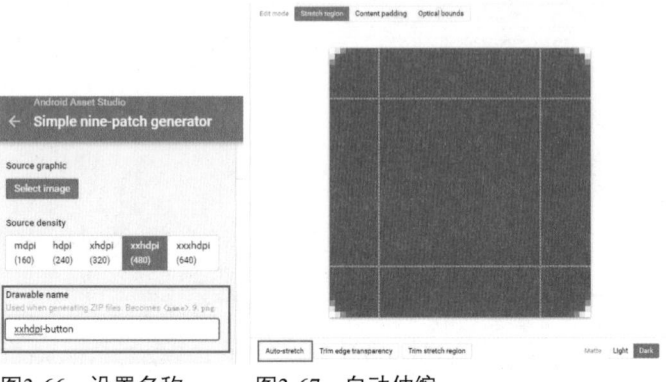

图3-66　设置名称　　　图3-67　自动伸缩

用户可以通过单击下方的Trim edge transparency按钮和Trim stretch region按钮，实现修剪边缘透明度和修剪拉伸区域的操作，如图3-68所示。

用户可以通过单击顶部的Content padding按钮和Optical bounds按钮，实现对图片内容的填充和光学边界的设置，如图3-69所示。

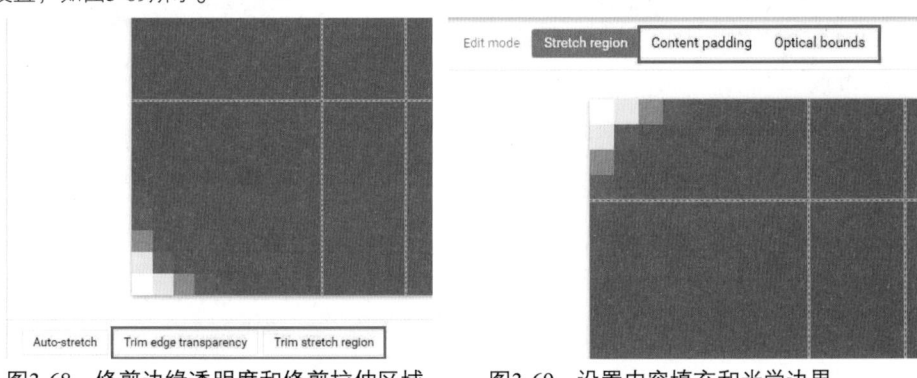

图3-68　修剪边缘透明度和修剪拉伸区域　　　图3-69　设置内容填充和光学边界

在界面右侧的PREVIEW面板中，勾选With content复选框，可以预览填充内容效果，如图3-70所示。单击右上角的Download ZIP按钮，即可将转换后的图片下载，如图3-71所示。

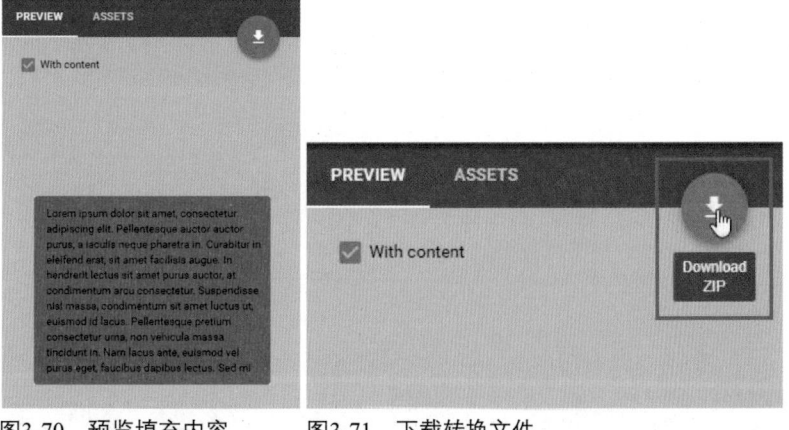

图3-70　预览填充内容　　　图3-71　下载转换文件

下载的文件是一个ZIP压缩包，解压后可以看到生成的内容，如图3-72所示。每个文件夹中存放着对应的"点9"切图文件，如图3-73所示。

图3-72 生成的内容

图3-73 不同分辨率的文件

3.7 Android系统界面适配问题

虽然Android系统设备众多，但其适配主要受屏幕尺寸和屏幕密度的影响。适配过程中常遇到的适配问题有以下几个方面。

3.7.1 采用哪种分辨率设计

原则上需要为不同的分辨率去单独设计效果图，但是由于实际开发成本、设计成本的各种要求，单独设计不太现实，所以我们可以根据目前市场占有率选择机型，主要有480px×800px、720px×1280px、1080px×1920px这几种分辨率。建议采用720px×1280px的分辨率来设计，因为目前720px×1280px的市场占有率是比较高的。随着技术水平的不断提升，今后会采用1080px×1920px的分辨率来设计，设计师要随时关注市场情况。

3.7.2 设计师需要提供几套切图

原则上设计师根据开发成本等要求，需要为不同的分辨率单独标注切图，但在实际工作中只需要提供一套切图即可。

● 采用720px×1280px设计切图。切图可以直接适配720px×1280px分辨率的机型。

● 720px×1280px的切图资源基本可以适配其他机型，有些特殊的切图可以单独适配，如图标等元素。

● 向下适配480px×800px的机型时，只需要把切图/1.5即可。

● 向上适配1080px×1920px的机型时，只需要把切图×1.5即可。

● 向上适配1080px×1920px的机型时，不要直接将图标放大1.5倍。因为这样会影响最终的显示效果，这就要求在720px×1280px下绘制时，尽量采用矢量图形来绘制。例如，在720px×1280px下绘制时，图标是48px×48px，适配1080px×1920px时，48px×1.5=72px，即把矢量图形调整为72px即可。

提示　在设计图片时，尽量采用偶数设计。开发工程师可以直接通过编写完成的，尽量不要切图。
在标注时，尽量采用相对位置进行标注。

3.7.3 界面设计中字体的应用技巧

Android系统中默认的中文字体为思源黑体，英文字体为Roboto。在实际操作中，中文字体可以采用微软雅黑替代，但尽量采用系统默认的字体。

虽然Android系统规范建议界面字号采用12sp、14sp、18sp、22sp四个级别来设计，但在实际工作中可以根据情况自行调整。

3.8 如何做到一稿两用

所谓一稿两用，指的是设计师只需要设计iOS版本的设计稿，然后将iOS设计稿适配到Android设备。

在iOS系统中，通常采用750px×1334px的尺寸作为标准尺寸，这个屏幕密度已经达到Android系统的XHDPI级别了。750px×1334px的@3x切图资源正好是Android XXHDPI（1080px×1920px）的切图资源，如图3-74所示为iOS @3x与Android XXHDPI下的图标切图的对比。

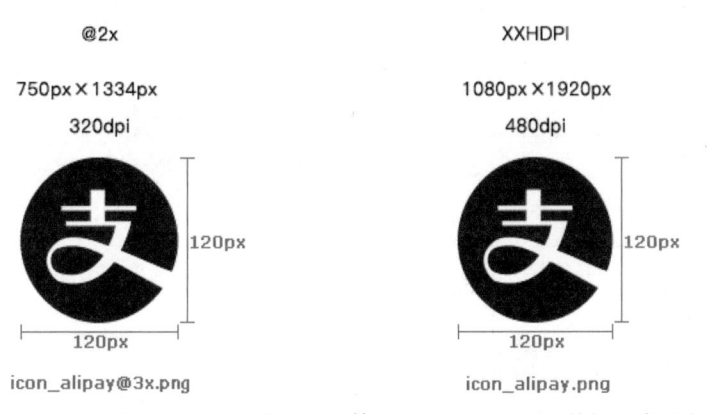

图3-74　iOS @3x的切图资源大小等于Android XXHDPI的切图资源大小

在与开发工程师充分沟通后，设计师使用iOS的设计稿进行换算后，即可用作Android系统开发。

设计师也可以将750px×1334px的设计稿等比例调整到Android系统的1080px×1920px下，并对各个控件进行调整，重新提供dp标注。也就是说，设计师需要提供两套标注，一套用在iOS系统，另一套用在Android系统。

如果设计师使用例如Cutterman切图工具切Android图片时，如图3-75所示，会自动生成drawable和mipmap两个文件夹，如图3-76所示。这是因为Android系统的开发工具早期只有drawable文件夹，而没有mipmap文件夹。后来新的开发工具里面才有mipmap文件夹，专门用来保存png格式的图片。虽然drawable文件夹内也可以保存png格式的图片，但建议只保留mipmap-前缀的文件夹即可。

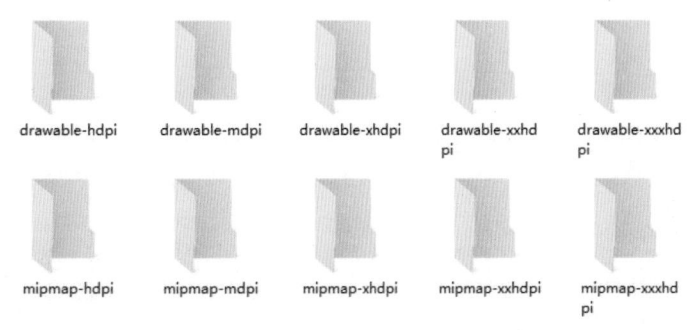

图3-75　使用Cutterman切图　　图3-76　自动生成的文件夹

3.9 本章小结

本章从移动UI设计初学者的角度讲解，介绍了移动UI设计的概念及特点，并分别向读者介绍了Android系统和iOS系统的发展及优点，讲解了移动UI设计工作中的工作内容及常用软件。为了便于读者更深层次地理解移动UI设计，对UI设计的工作流程和互联网产品职位的划分也进行了介绍。

第4章　移动UI图标设计

随着互联网的飞速发展，智能手机等移动终端大量普及。App应用程序作为移动终端系统重要的组成部分，已经和用户的生活紧密结合在一起了。与此同时，越来越多的人开始重视App的UI与图标设计。本章将针对iOS系统和Android系统中的图标设计与制作规范进行讲解，帮助读者快速了解移动UI图标设计的方法和技巧。

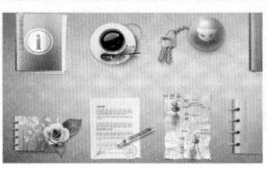

4.1　图标设计基础

图标是一种图形化的标识，它有广义和狭义两种概念，广义指的是现实中所有有明确指向含义的图形符号，狭义主要指在计算机设备界面中的图形符号，覆盖范围非常广。

对于移动UI设计师而言，针对的主要是狭义的概念，它是移动UI视觉组成的关键元素之一。

4.1.1　图标设计的必要性

图标设计是视觉设计的重要组成部分，其基本功能在于提示信息与强调产品的重要特征，以醒目的信息让用户知道操作的必要性。

图标设计可以使产品的功能具象化，更容易理解。常见的很多图标元素本身在生活中就经常见到。这样做的目的是使用户可以通过一个常见的事物理解抽象的产品功能，如图4-1所示。

图4-1　更容易理解的图标

图标的使用可以使产品的人机界面更具吸引力，富含娱乐性。在设计一些特殊领域的图标时，可以使图标的风格更具娱乐性，在描述功能的同时吸引人们的注意力，令人印象深刻。某些特征明显、娱乐化的图标设计往往会给用户留下深刻印象，对产品的推广起到良好的作用。

 统一的图标设计风格形成产品的统一性，代表了产品的基本功能特征，凸显了产品的整体性和整合程度，给人以信赖感，同时便于记忆。

美观的图标是一个好的界面设计的基础。无论何种行业，用户总是喜欢外表美观的产品。美观的产品总会为用户留下良好的第一印象，在时下流行的智能终端上，产品的操作界面更应体现个性化的美，起到强化装饰性的作用。设计美观的图标如图4-2所示。

图4-2　设计美观的图标

　　图标设计也是一种艺术创作，极具艺术美感的图标能够提高产品的品位。目前图标设计已经成为企业VI中的一部分，不仅强调图标示意性，还强调产品的主题文化和品牌意识，将图标设计提高到一个前所未有的高度。

　　图标作为产品风格的组成部分，通过采用不同的表现方法，可以传达不同的产品理念。既可以使用线条表现简洁、优雅的产品概念，又可以使用写实的手法表现产品的质感，突出科技感和未来感。

在人机交互流行的时代，屏幕宣传产品是最佳的选择，图标的使用可以在很短的时间内向用户展示产品的功能和用途。这样的宣传方法不受时间、地域等各种因素的影响。

4.1.2　影响图标的属性

　　很多图标看似相同，但从它们的基本属性上分析却有很大的不同。图标的属性包括类型、尺寸、颜色数量、透明效果、阴影效果、倾斜、风格等。

● 类型

　　图标分为矢量图标和位图图标。由于位图图标的效果比较丰富，所以目前大部分的图形界面都使用位图图标。只有少数系统中才单纯使用矢量图标，例如IRIX Interactive Desktop系统。

　　现在高像素密度的显示器和一些低像素密度的显示器同时存在，所以在图标设计中使用矢量图标就会更灵活。矢量图标和位图图标的对比如图4-3所示。

矢量图标　　　　　　　　　　　　　　　　　　位图图标

图4-3　矢量图标和位图图标的对比

　　使用矢量图标将不用为同一个图标创建不同尺寸的版本，更容易使用渐变效果和增加视觉效果。反锯齿和其他一些技术保证了使用矢量实现的图标效果与使用位图的效果差不多。

● 尺寸

由于早期的系统在图形上的功能比较弱，大多数早期的图标采用的都是32px×32px的尺寸。但也有一些例外，像NeXTSTEP系统就采用了48px×48px的尺寸。

近年来，图标设计师慢慢摆脱了图标面积的限制。Mac OS X采用了128px×128px的尺寸，Windows XP采用了64px×64px的尺寸。一些屏幕尺寸更大的Android系统智能手机采用了144px×144px的尺寸。因此，为了使图标保持兼容性和通用性，能够在所有系统中正常显示，在输出图标时要输出不同尺寸的图标，图4-4所示为一款输出不同尺寸的图标。

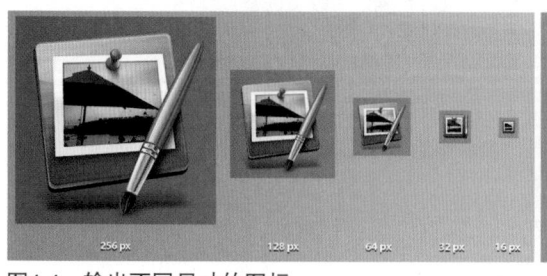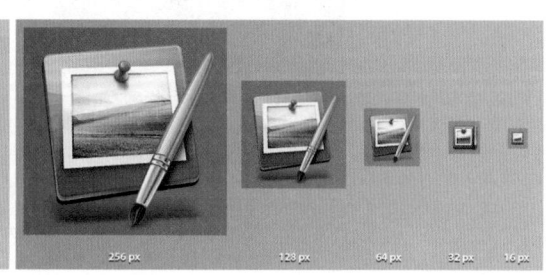

图4-4　输出不同尺寸的图标

● 颜色数量

图标的颜色数量一直在稳定的发展，从最早的1位两种颜色（通常是黑色和白色），到4位16种颜色，再到8位256种颜色。随着图标制作技术的发展，越来越丰富的颜色将应用到图标设计中，甚至会出现远远超过人类眼睛分辨的百万种颜色的图标。图标颜色数量的变化如图4-5所示。

两种颜色　　　16种颜色　　　256种颜色　　　百万种颜色

图4-5　图标颜色数量的变化

● 透明效果

在最新的图形界面中，透明效果扮演着很重要的角色。图标透明效果的使用，更好地表现了图标的质感，可以更好地辅助图标的功能。透明图标及应用效果如图4-6所示。

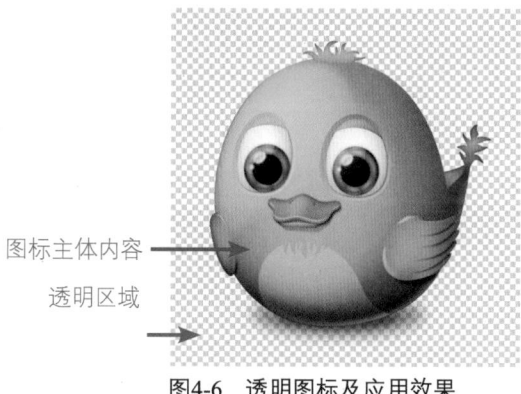

图标主体内容

透明区域

透明应用效果

图4-6　透明图标及应用效果

● 阴影效果

使用伪3D视图表现图标立体效果的方法越来越普及，图标中也逐渐使用了阴影效果，图4-7所示为应用了阴影效果的图标。但在近来的系统图标中，阴影效果设计得不够连续和精细。

图4-7 应用了阴影效果的图标

● 倾斜

许多不同系统的图标都使用了不同角度的倾斜效果，例如Copland系统、BeOS系统、Windows系统和Mac OS X系统等。图标的倾斜通常会导致图标效果不一致。Windows 系统里就采用了两种倾斜，但没有很好地融合在一起，如图4-8所示。而在Mac OS X系统中，图标倾斜应用得就比较好，如图4-9所示。

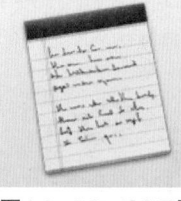

图4-8 Windows系统图标倾斜　　　　图4-9 Mac OS X系统图标倾斜

● 风格

早期的图标很抽象，可能只是为了表示一些设计概念。后来，图标渐渐支持更多的颜色，在"抽象和具体"之间不断平衡，并且出现了越来越多的设计风格，目前现实主义设计风格和扁平化设计风格较为流行。

Mac OS X系统中大多数的图标都应用了现实主义风格的手法，图标的内容比之前的版本增加了512倍，但是对于要清楚的表现图标含义还是远远不够的。现实主义风格的图标如图4-10所示。

图4-10 现实主义风格的图标

4.1.3 好图标的特点

要想设计出一个好图标，需要考虑的内容很多。除了要考虑图标的美观性，还要考虑图标应用界面的文化、显示的载体、不同产品的要求等内容。不同的设计方式，呈现的图标样式也不同。虽然要求很多，但好的图标还是有一些共同点的，掌握以下这些设计原则，可以设计出令人满意的图标。

● 视觉精美，结构合理

设计制作图标时，要尽量使图标的形状、材料、角度、色彩和大小比例符合真实生活。

● 兼容尺寸

现在的显示载体多种多样，设计制作出来的图标要能够在不同尺寸的界面中显示成为首先要考虑的问题，同一个图标在不同分辨率下应该都可以正确显示。

● 统一风格

图标的设计制作往往是成套的。一套图标在设计时风格要统一，在突出图标整体性的前提下应让用户更容易记忆。因此无论是质感、色系还是光照效果都要保持一致，这不仅可以引起品牌的共鸣，还可以与整个界面设计相互呼应。

● 有一定的主题文化

主题文化更多地来源于设计人员的灵感。在图标设计中融入故事，更容易吸引用户的关注。这类图标中常常会使用大量的重复元素，经常被应用到游戏、电影和休闲等娱乐型产品中。

● 满足不同的文化背景

好的图标设计可以使不同种族和国家的用户都可以准确识别。这类图标一般都应用到一些特定的事件中，例如奥运会和世界杯。通过简单的图形和抽象的符号使图标传达的内容更易识别，容易引起联想。

● 容易记忆

在一般情况下，图标上不会出现文字说明，通过简单的元素表达清晰的概念，同时使用户对产品本身产生联想，并产生深刻印象。

4.2 了解图标栅格系统

图标的造型丰富多彩，但在看似复杂的背后也可以把图标概括为五种基本型：圆形图标、正方形图标、横长形图标、竖长形图标和异形图标。为了确保所有图标在手机屏幕上显示的大小一致，人们制定了图标栅格系统。

在什么情况下会导致实际尺寸相同图形的显示大小不一致呢？图形的形状不同，导致视觉张力不同，最终表现的大小也不同。

例如，实际尺寸都为140px×140px的正方形和圆形，正方形看起来要比圆形大，如图4-11所示。

图4-11 正方形看起来比圆形大

将正方形缩小50px后，正方形与圆形在视觉上看起来就大小一致了，如图4-12所示。

图4-12　在视觉上看着大小一致

两个图形在视觉上看着大小是否一致，是由两个图形的面积是否相同决定的。也就是说，只要能够保证两个图形的面积基本相同，就能保证两个图形在视觉上看着大小基本一致。

4.2.1　系统图标栅格

系统图标的最大尺寸为44px×44px，而圆形又有天然的收缩性，所以应将圆形撑满整个网格，图4-13所示为系统图标栅格。在撑满整个网格的情况下，圆形在固定尺寸内的视觉大小最大。这样其他三种图形（正方形、横长形和竖长形）只需要适当缩小尺寸就可以和圆形图标保持视觉一致了。

整个栅格系统中的尺寸都是通过黄金比例互相联系的。小圆与大正方形的面积比、中圆与大圆的面积比、中圆与小圆的面积比都接近1.6，符合黄金比例规则。如图4-14所示为遵循图标栅格系统的图标。

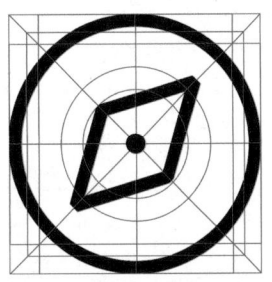

图4-13　系统图标栅格　　图4-14　遵循图标栅格系统的图标

> **提示**　iOS 图标栅格系统中的尺寸不是随意制定的，而是有严格的比例关系。遵循了斐波那契螺旋线的规律，小圆半径和它到图标边缘的距离与图标边长的一半的比值为 0.618。

4.2.2　不同造型图标的栅格规范

不同造型的图标有不同的栅格规范。常见的图标造型有正方形、横长形、竖长形和异形。接下来针对不同造型图标的栅格规范进行讲解。

● 正方形图标

正方形图标在各种应用中都能看到。在实际尺寸下，正方形图标比圆形图标多出了四个尖角，为了和圆形的面积在视觉上统一，将正方形缩小3px。缩小后正方形的面积和圆形的面积基本一致，如图4-15所示，左侧为正方形图标栅格，右侧是正方形图标栅格与圆形栅格重叠后的对比。

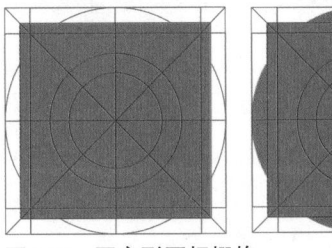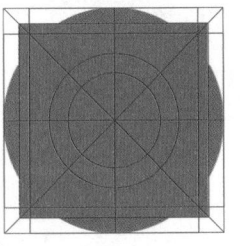

图4-15　正方形图标栅格

- 横长形图标

横长形图标也是经常会遇到的典型的图标形状。制定横长形栅格的原理跟正方形图标的一样，将圆形和横长形重叠在一起，然后适当压低高度，直到圆形和横长形的面积基本相同。如图4-16所示，左侧为横长形图标栅格，右侧是横长形图标栅格与圆形图标栅格重叠后的对比。

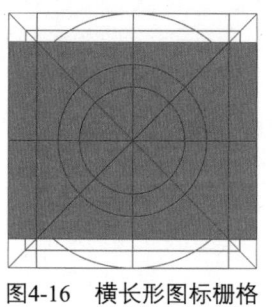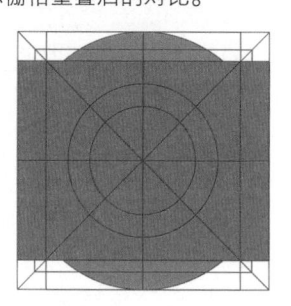

图4-16 横长形图标栅格

- 竖长形图标

竖长形图标栅格跟横长形图标栅格一样，将横长形图标栅格旋转90°即可。如图4-17所示，左侧为竖长形图标栅格，右侧是竖长形图标栅格与圆形图标栅格重叠后的对比。

- 异形图标

异形图标就是不能被简单归纳为几何图形的图标。异形图标使用基本栅格，根据图标的实际情况适当调整图标大小。如图4-18所示左侧为异形图标栅格，右侧是异形图标栅格与圆形图标栅格重叠后的对比。

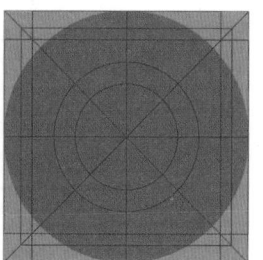

图4-17 竖长形图标栅格　　　　　　　图4-18 异形图标栅格

通过分析不同形状的图标，得出iOS系统图标栅格，图4-19为图标尺寸规格分析。

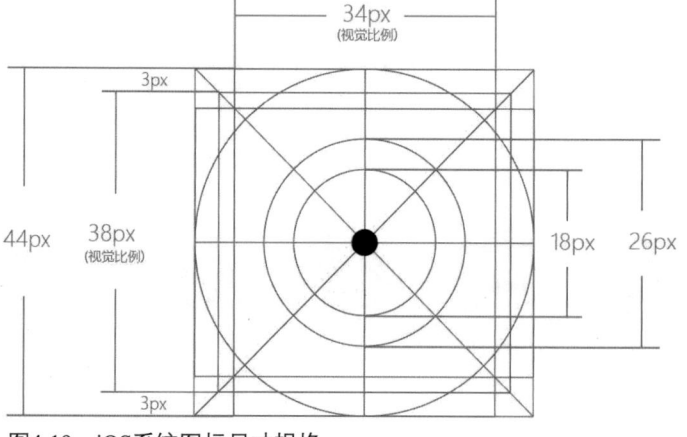

图4-19 iOS系统图标尺寸规格

4.3 图标的渲染风格

图标的渲染风格直接决定图标的制作方法、应用领域和最终效果。目前图标的渲染风格有很多种，接下来介绍常见的几种。

● 线性风格图标

所谓线性风格，即图标是通过线条的描边轮廓勾勒出来的。多数人是通过纯色的闭合轮廓认识它的样式的，图4-20所示为一组线性风格图标。

图4-20　线性风格图标

线性风格图标看似简单，但通过控制图标线条的轮廓、粗细和颜色，可以实现很多丰富的效果，图4-21所示为运用不同表现手法的线性风格图标。

线性图标

描边叠加

渐变描边

多种粗细

描边缺口

多色描边

图4-21　运用不同表现手法的线性风格图标

● 面性风格图标

所谓面性风格，即对内容区域进行色彩填充的样式。在这类图标中，通常用纯色的方式填充，图4-22所示为一组面性风格图标。

图4-22　面性风格图标

面性风格的表现手法很多，除了纯色的方式，还有非常多的视觉表现类型，图4-23所示为扁平插画和渐变色彩的视觉表现手法。

图4-23　扁平插画和渐变色彩的视觉表现效果

● 混合风格图标

混合风格是将线性风格和面性风格组合，完成一种既有线性描边轮廓，又有色彩填充区域的图标，常见的混合风格图标及变形效果，如图4-24所示。

图4-24　混合风格图标及变形效果

● 扁平风格图标

扁平风格的图标，可以理解为使用扁平插画的方式绘制出来的图标，它继承了扁平的纯色填充特性，比普通图标有更丰富的细节与趣味性，图4-25所示为一组扁平风格的图标。

图4-25　扁平风格图标

● 拟物风格图标

拟物风格的图标现在出现的频率越来越高，一般都集中在大型的运营活动中，这些活动会通过拟物的方式将标题设计成有故事的场景，所以相关图标使用拟物的设计形式会更贴合，图4-26所示为一组采用了拟物风格的书籍图标。

图4-26　拟物风格图标

● 2.5D风格图标

　　2.5D风格是一种偏卡通、像素画风的扁平设计类型，在一些非必要的设计环境中，使用 2.5D风格会比较容易搭配主流的界面设计风格，有更强的趣味性和空间感，图4-27为一组采用了2.5D风格的手机图标。

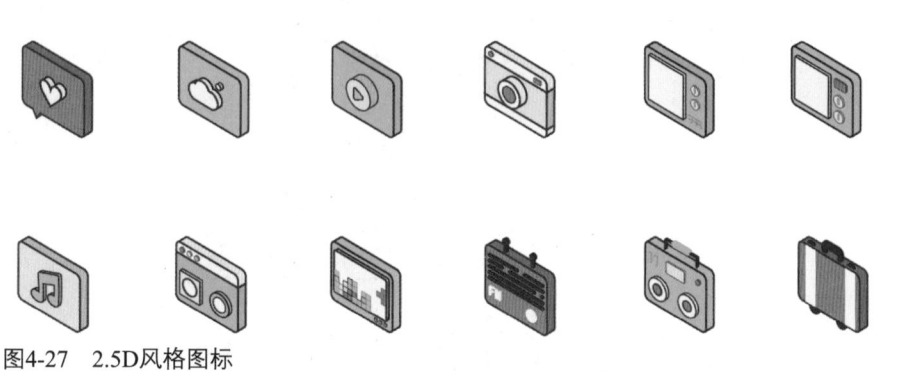

　　图4-27　2.5D风格图标

● 多彩风格图标

　　这种图标是通过一系列非常激进的渐变和撞色来实现的，有时还会使用彩色的阴影。使用这种图标的页面，会呈现出一种五彩斑斓的效果，这种风格只有在页面内容非常丰富且用户偏年轻化的产品中才能使用，是一种非常难驾驭的设计风格，图4-28所示为一组采用了多彩风格的科技图标。

　　图4-28　多彩风格图标

● 实物风格图标

　　实物风格图标通常采用了真实物体作为图标的主体。虽然它不是完全依靠设计师创作和绘制出来的，但也需要设计师根据图标的功能选择，此类风格的图标通常比较美观，立体感强，便于浏览者理解图标的功能，图4-29所示为一组采用了实物风格的中国风图标。

　　图4-29　实物风格图标

4.4 图标的透视

在开始学习绘制图标时，通常都需要一定的练习。一旦掌握了图标绘制的基本原则，再创作就容易多了。如果用户希望绘制具有强烈立体感的图标，则需要对透视视图有一定的了解，应用了透视的图标如图4-30所示。

图4-30 应用了透视的图标

4.4.1 关于透视

在艺术和设计中，透视是一种视觉现象，也是人的一种视觉体验，越近的东西两眼看它的角度差越大，越远的东西两眼看它的角度差越小，很远的东西两眼看它的角度几乎一样，因此离你近的东西，紧缩感通常较强烈。掌握透视的概念，有利于创作出逼真的图标效果。

透视可以把眼睛所见的景物投影在眼前一个平面上，并在此平面上描绘景物。在透视投影中，观察者的眼睛称为视点，而延伸至远方的平行线会交于一点，称为消失点；例如生活中笔直的道路或铁路。按照对绘制物体不同的印象，透视可以分为零点透视、一点透视和两点透视。

4.4.2 绘制零点透视图标

零点透视的图标指的是直接绘制的无角度图标。图标没有明显的侧面或顶部。这类图标一般用来表现工具栏和字形风格，通过颜色变化和缩放对象比例实现景深的效果，图4-31所示是一个窗户的效果，通过为图形添加阴影，实现窗格与图像的深度错觉。

添加阴影，增加景深感。

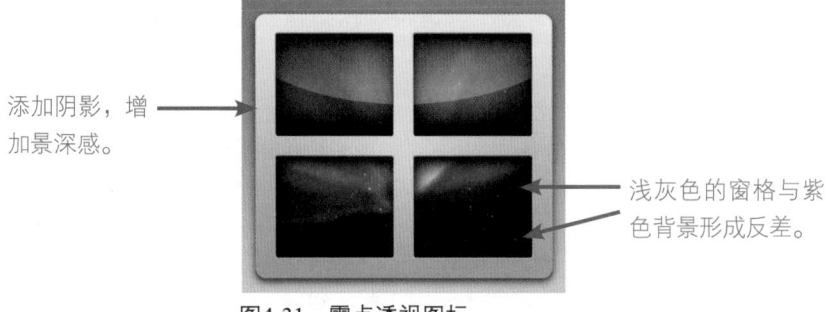

浅灰色的窗格与紫色背景形成反差。

图4-31 零点透视图标

零点透视在绘制小图标时非常常见，通过充分利用图像像素，表出出丰富的层次感。一般此类图标的尺寸较小，接下来我们学习绘制零点透视图标。零点透视是图标的基本风格，通过以下学习可以快速掌握绘制方法和技巧。

提示

如果要绘制矢量的图标，则可以使用 Adobe Illustrator 绘制。矢量图标可以任意放大或缩小又不影响图标的质量。如果使用 Adobe Photoshop 绘制，则可以选择使用形状图层，这样也可以得到质量较高的图标。

实战练习 01 **绘制零点透视图标**

视频：无　　　　　　　　　　源文件：无

● 案例分析

　　在开始设计图标前，需要准备方格纸、铅笔、橡皮擦、尺子、一根或两根彩色笔或铅笔、跟踪报告（可选）、一个合适的图。如果用户使用软件创作，注意只能使用铅笔工具或笔刷工具绘制，绘制完成的零点透视图标如图4-32所示。

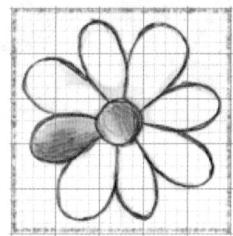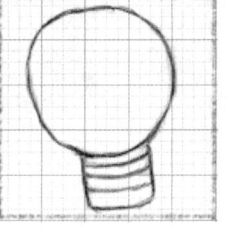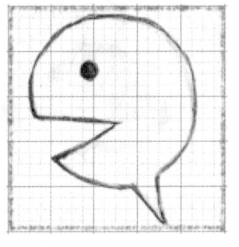

图4-32　绘制零点透视图标

● 制作步骤

01 绘制一个正方形，用来确定图标的范围，如图4-33所示。这个正方形的尺寸与最终图标的大小无关。要保证有足够的空间绘制图形。

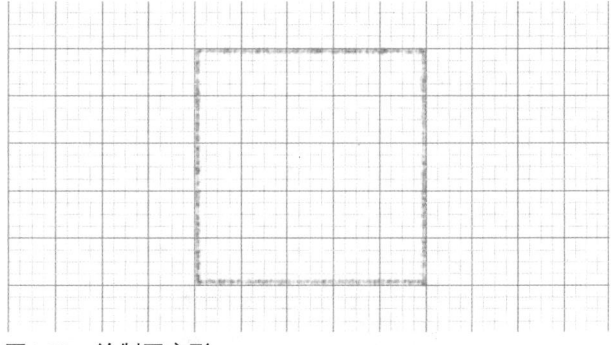

图4-33　绘制正方形

02 根据需要设计的栏目在绘图区外绘制一些小的缩略图草图，如图4-34所示。这样可以清晰地知道要制作的类别和方向。绘制时应考虑哪些部分需要留下来，哪些部分可以忽略不计。尽可能保持草图的细节，有助于体现精细感。

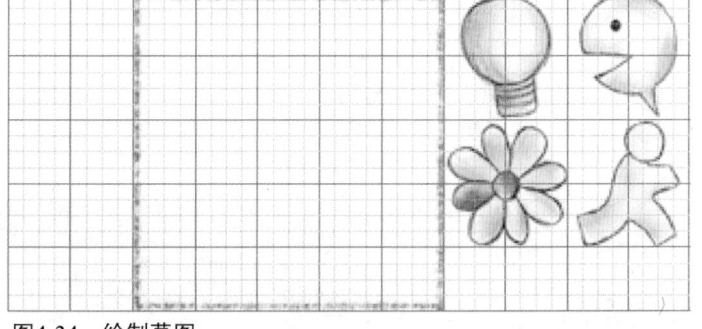

图4-34　绘制草图

03 决定绘制对象后，在绘图区绘制图形的轮廓，绘制时要尽可能使用细的线条绘制。同时注意绘制时的力度要均匀。绘制完成后，即完成了图标的规划操作，使用橡皮擦将杂乱的线条抹去，得到图标的线稿如图4-35所示。

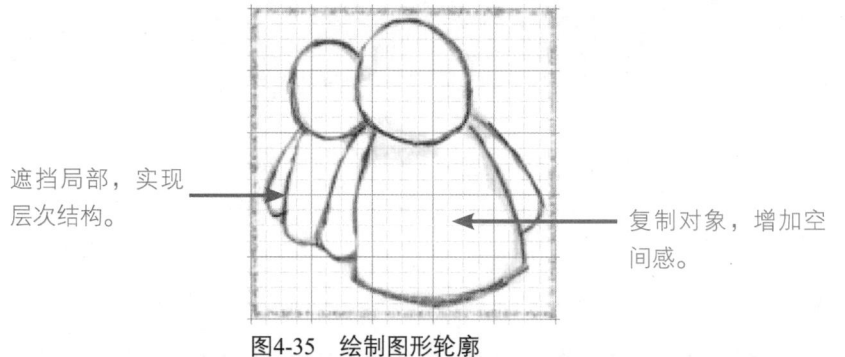

遮挡局部，实现层次结构。

复制对象，增加空间感。

图4-35 绘制图形轮廓

在绘制人物图标时，通过在后面绘制一个相同的元素可以增加图标的空间感，可同时缩小图标并遮挡一部分，点视图利用对象的层叠实现图标的层次结构。

04 完成一个图标的草稿绘制后，可以继续绘制下一个。由于所有图标的风格基本一致，绘制时只需要更改主要的元素即可。当然也可以对一些公共元素进行细微的修改。这样既可以使整套图标风格一致，又可以使每个图标具有不同的特色，如图4-36所示。

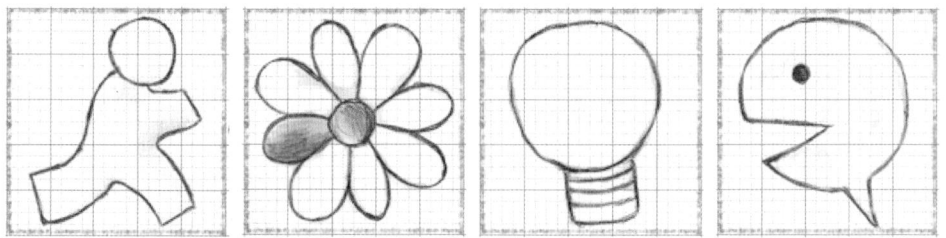

图4-36 完成图标草图的绘制

4.4.3 绘制一点透视图标

一点透视的图标都具有单一的消失点。好的设计方案通常是将消失点绘制在图标核心对象的背面。一点透视的空间方向一般都会呈锥形，最终相聚在消失点的位置，这增加了图标的视觉深度，如图4-37所示。如果最终的消失点没有在图标的范围内，则图标整体的感觉会走样，可以说是失败的设计。

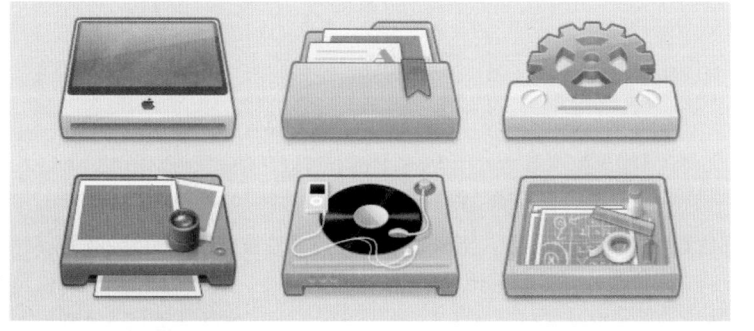

图4-37 一点透视图标

在计算机上设计一点透视图标之前，建议用户先通过手绘的方式在纸上将透视角度和范围绘制出来，然后再通过细化工作对图标进行修饰。当确认了最终的设计内容后，再到计算机软件中完成图标的制作。

提示　手绘是一项强大的技术，而且其绘制视野相当广，绘制方便且绘制速度快。要成为一名优秀的图标设计师，手绘技术是必备的一项技能。

实战练习 02　绘制一点透视图标

视 频：无　　　　　　　　　源文件：无

● 案例分析

创建一点透视图标，首先需要确认地平线和消失点的位置。然后从对象的起始位置到消失点的范围内逐渐创建图标对象。使用矩形图标可以更好地表现一点透视图标，因为绘制矩形的消失点更容易且精准，图4-38为完成的一点透视图标。

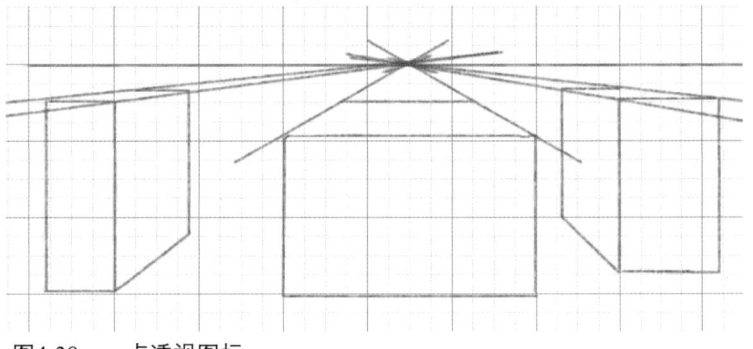

图4-38　一点透视图标

● 制作步骤

01 使用铅笔将需要绘制的图标轮廓简单绘制出来，然后使用橡皮擦将多余的线条擦除。本案例中要绘制一个矩形的图标，如图4-39所示。

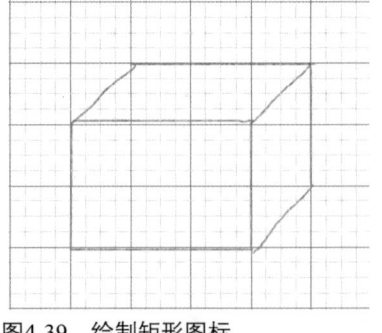

图4-39　绘制矩形图标

02 在矩形的顶部位置绘制一条水平线，用来确定消失点的位置，不同位置的消失点实现不同的图标效果。选择线条的中间位置，并绘制标记，如图4-40所示。

03 使用尺子从消失点的位置到矩形的两端位置绘制两条参考线，得到了矩形的透视范围，如图4-41所示。

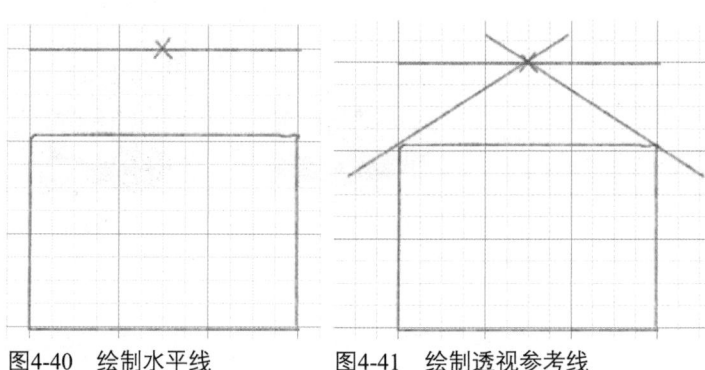

图4-40　绘制水平线　　　　图4-41　绘制透视参考线

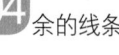 在两条参考线之间任意绘制一条直线，即可得到立方体的顶部，效果如图4-42所示。使用橡皮擦将多余的线条擦除，即可得到一个立体的矩形，如图4-43所示。

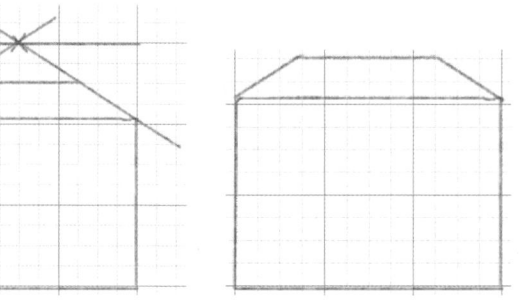

图4-42　绘制立方体顶部　　　　图4-43　完成立体矩形的绘制

 可以使用相同的方法，分别在立方体的两端绘制其他两个立方体，效果如图4-44所示。可以看到两侧的立方体都是侧面逐渐消失。这种方法一般不会应用到图标设计中。

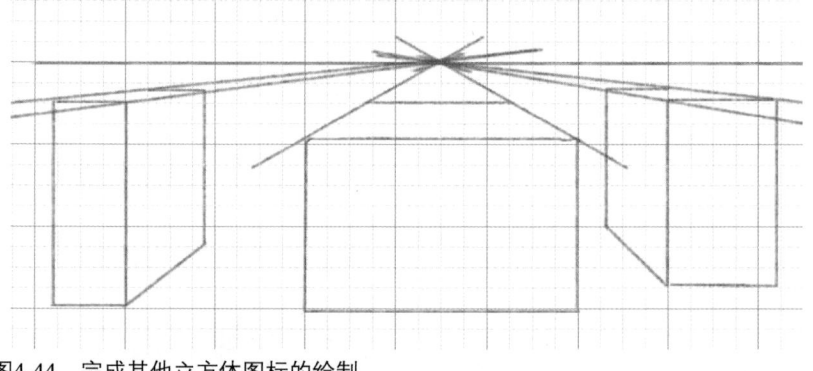

图4-44　完成其他立方体图标的绘制

 如果需要在立方体上绘制对象，则可以首先在矩形上绘制直线，然后通过与消失点连接得到透视线条。按照透视线条的角度绘制图形即可。

4.4.4　绘制两点透视图标

　　两点透视可以用来表现两个方面的图标，如图4-45所示。这种透视比较适合较复杂的图标，例如应用程序图标。对于一些要求简单清晰的图标，例如工具栏图标，就不适合使用这种透视方式，太多的面会淡化图标本身的寓意。

图4-45　两点透视图标

实战练习 03　**绘制两点透视图标**

视　频：无　　　　　　　　　　　　源文件：无

● 案例分析

接下来学习两点透视图标的绘制方式。在开始设计图标前，同样需要准备方格纸、铅笔、橡皮擦、尺子、一个矢量软件，图4-46所示为完成的两点透视图标。

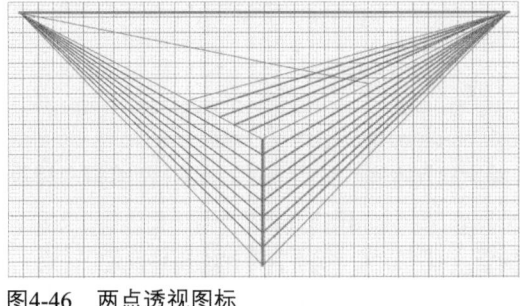

图4-46　两点透视图标

● 制作步骤

01 使用铅笔绘制出想要绘制图标的大致角度和位置，绘制的图标决定了整组图标的风格。继续绘制并上色可以完成最终的图标效果，如图4-47所示。

图4-47　绘制图标轮廓并上色

02 使用铅笔绘制一条直线，线条的两端将作为图标的消失点，也就是两点透视的两个点，如图4-48所示。

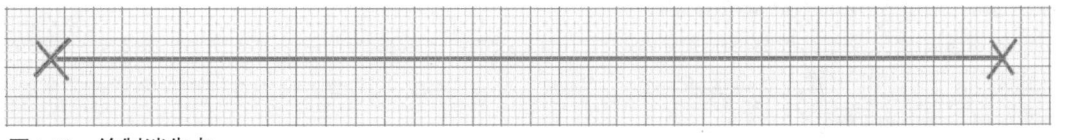

图4-48　绘制消失点

03 绘制一条垂直线条，设置图标的高度。然后使用尺子从两个消失点的位置分别向线条的两端引出两条斜线，如图4-49所示。

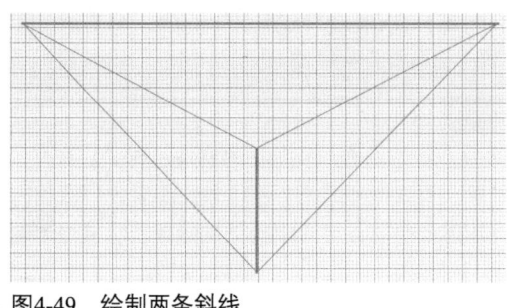

图4-49 绘制两条斜线

04 在两线相交的部分分别绘制两条直线，用来确定立方体的边缘，如图4-50所示。继续从两个消失点绘制直线，即可完成立方体的绘制，如图4-51所示。

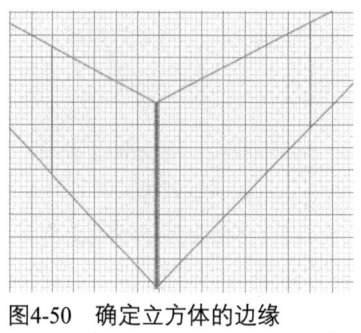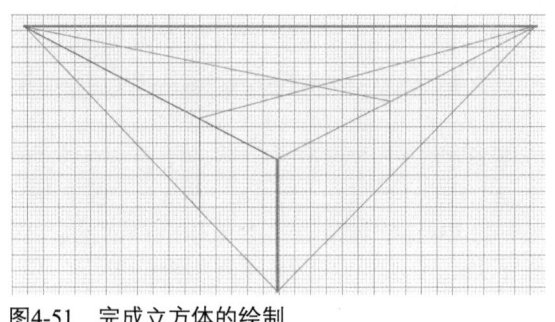

图4-50 确定立方体的边缘　　图4-51 完成立方体的绘制

05 立方体图标绘制完成后，如果需要在立方体上继续绘制图形，则可以继续从消失点引出直线，在立方体上形成网格，方便其他图形的绘制，如图4-52所示。

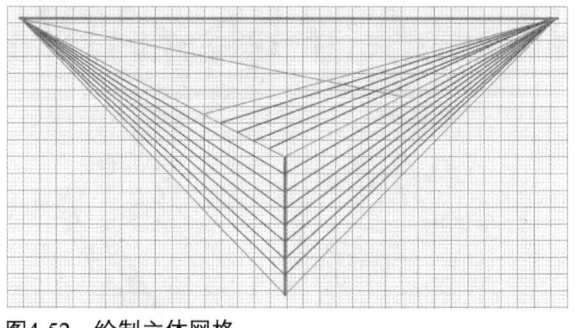

图4-52 绘制立体网格

4.5 图标集的制作流程

在实际的设计工作中，图标往往都是成套出现的。掌握了设计制作单个图标的方法和技巧后，下面了解一下如何制作一个图标集。

无论是制作单个图标还是制作整个图标集，首先需要明确图标最终的输出要求。也就是要知道设计出来的图标未来将应用到什么程序中。了解最终的输出目的后有利于设计者选择正确的尺寸、色彩模式和输出格式。

一个完整的图标集往往是由一个团队制作完成的。为了统一团队中每一个人的制作规范，避免出现制作效果不一致的现象。在开始制作前通常要用文本的形式创建一个制作规范文档。在该文档中以列表的形式将制作图标的设计内容、规格尺寸、图标风格、输出格式、制作流程和时间进度等信息罗列出来，并由全体成员签字确认。

创建一个制作规范文档将有利于在设计制作过程中保持正确的方向和焦点，这是保证设计工作快速有效完成的前提。就算整个项目是由一个人独立完成的，也要在正式开始设计前制作一个规范文档。

4.5.1 创建制作清单

完成制作规范文档的创建后，就可以进入实质性的制作过程了。在开始制作之前要将所有要制作的图标分类。按照图标的不同种类，不同制作方法，不同输出要求，以表格的形式罗列出来。完成一个图标后即对照该表检查，标记完成的图标，这样可以很好地跟踪整个项目的制作进度，并记录制作过程中的技术细节。

使用制作清单可以使设计者将注意力很好地集中在创建图标上。同时在制作列表中可以随时查找制作进度，并督促制作者坚持下去，直至完成所有案例。

4.5.2 设计草图

草图对图标设计来说尤其重要。在设计的最初阶段，设计者往往通过一个简单的线稿来获得灵感。尤其在设计一些复杂风格的作品时，更需要使用草图将图标的概念隐喻以一种相对清晰简单的方式呈现出来。

可以用铅笔在纸上绘制草图，也可以用数字绘图板在计算机上绘制。绘制完成后将草图绘制或打印到纸上，然后拿给身边的朋友或同事看，根据他们的反应适当修改。绘制时要将图标传达的寓意准确传达，并以统一的风格将整个图标集中的所有图标草图绘制出来，如图4-53所示。初次绘制的草图也需要根据设计要求多次修改调整，直到图标集寓意准确。

图4-53　设计图标草图

4.5.3 数字呈现

草图绘制完成后，就可以使用计算机软件将其进行数字呈现了。常用的计算机软件有Adobe Photoshop、Adobe Illustrator和CorelDRAW。图标的操作系统对图标的要求也不相同，在开始制作前可以先下载一个模板，仔细研究后再创建统一的尺寸和独有的色板，为制作图标做好准备。

制作过程中要合理利用计算机软件的各种功能，例如合理利用符号和图案填充，存储通用的图层样式等。这样做既能提高工作效率又可以保证图标集中所有对象具有相同的效果，如图4-54所示。

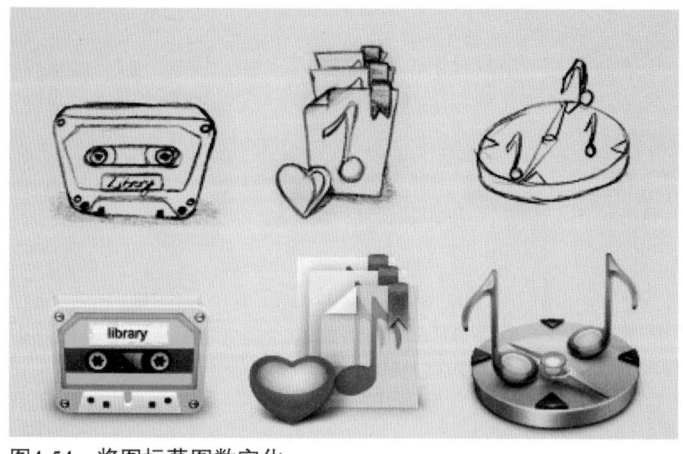

图4-54 将图标草图数字化

4.5.4 确定最终效果

绘制完成所有图标后，要检查一些共同的元素。例如图标尺寸是否正确，图标是否对齐，颜色是否匹配等。一旦所有图标都完成了评审，就可以为整个图标组创建一个图标，开始图标的最终测试。

应用程序的开发成员可以临时使用一个简陋的图标测试程序，也就是说图标对于整个应用程序的开发来说并不太着急，但是尽早将图标应用到应用程序的测试环节，有利于发现图标的不足，有更充足的时间改进。

4.5.5 命名并导出

完成图标设计后，要将它们保存。一个明确又容易理解的文件名不仅可以帮助用户快速识别图标，还可以帮助用户快速排列图标，方便检查浏览。不同的操作平台对图标的命名都有不同的习惯和不同的文件夹结构，这些内容都应该在最初的规范文档中有所体现，避免由于混乱的名字造成不必要的麻烦。

为图标命名时，尽可能将图标的属性显示在文件中，例如显示图标的尺寸，就可以命名为icon-256px.ico。同时将不同格式的图标放在不同的文件夹中，方便查找使用。

4.6 移动UI图标设计形式

移动UI图标的设计形式有很多，比较常见的有中文形式、英文形式、数字形式和特殊符号形式等。不同的设计形式会使图标呈现不同的美感和吸引力。

4.6.1 中文形式

文字形式图标是将文字作为图标的主体物，通常这类应用本身的品牌标志就使用了文字，所以在制作图标时就把字体照搬过来，图4-55为使用了文字形式的图标。中文形式还分为单字形式、多字形式、字体加图形形式和字体加几何图形组合形式。

图4-55 文字形式图标

● 单字形式

单字形式通常提取产品名称中最具代表性的独立文字，进行字体设计。通过对笔画及整体骨架进行设计调整，达到符合产品特性和视觉差异化的目的。拥有特征性的字体设计可以一目了然地传递产品信息，让用户在自己的手机桌面上快速找到应用，例如知乎App和支付宝App等应用，如图4-56所示。

图4-56　单字形式图标

● 多字形式

多字形式设计通常将产品名称直接运用在设计中，有道App、当当App和小红书App如图4-57所示。多个字体设计需要注意的是整体的协调与可读性，一排出现两个汉字属于比较理想的可读范围，极限值为3个汉字并排，最多两行为宜。

图4-57　多字形式图标

适合运用字体作为应用图标的产品对名称有一定限制因素，以1~4个汉字为最佳，超过6个汉字组合将会影响用户的识别能力。

● 字体加图形形式

为了突出产品特有的气质和属性，通过字体与辅助图形组合来烘托氛围也是设计方式之一。图4-58所示今日头条App采用字体和文章剪影图形组合形成内容丰富的氛围，此外还有利用纸张折痕的效果突出文艺气质，运用购物袋的图形烘托购物的氛围等。

相比单纯的文字设计，适当辅助一些带有产品特性的图形可以更加灵活地突出产品气质和属性。

图4-58　字体加图形形式图标

● 字体加几何图形形式

几何图形的运用可以增加图标的形式感，如矩形与字体设计组合可以强调局部信息、圆润的形状可以使图标风格更加活泼有趣、三角形的运用有一定的引导性，例如闪送App和搜狐视频App，如图4-59所示。

图4-59　字体加几何图形形式图标

几何图形的运用可以增加应用图标的形式感和趣味性。但是由于常用的几何图形形式单一，难以形成独有的视觉差异。

4.6.2 英文形式

英文形式和中文形式类似，也分为以下几种不同的形式。

● 单字母设计

单字母设计通常提取产品名称首字母，由于英文字母本身造型简洁，结合产品特点进行创意加工，很容易兼备美感和识别性，图4-60所示为抖音App、WPS App和Facebook App。

图4-60　单字母图标

设计师使用英文字母很容易做出具备美感的应用图标。但是由于字母数量有限，很容易导致创意雷同，难以保障视觉差异化。

● 多字母设计

字母设计通常是由产品名称全称或几个单词首字母组合而成的，在国内也会提取汉语拼音和拼音首字母等方式进行组合。在设计字母组合时，需要考虑组合字母的识别性，单排字母1~3个为宜，字母越多，识别性越低。图4-61所示为扫描王App、ofo App和YY App。

图4-61　多字母设计

组合字母很容易形成独有的产品简称，方便用户记忆，但热门的组合字母容易雷同，对产品差异化形成挑战。

● 字母加背景图案组合设计

添加背景图案，结合字母设计组合呈现，既可以增加应用图标的视觉层次感，又能丰富视觉表现力。需要注意的是，背景图案的色相和繁简度的处理，需要和字母设计形成强对比，使信息传达不受影响，图4-62所示为bilibili App和富通国际App。

图4-62　字母加背景图案组合设计

● 字母加图形组合设计

字母加图形组合设计应用比较广泛，图形分为几何图形和由生活印象提炼的图形。图4-63所示的酷狗音乐App就是结合圆形组合而成的；顺丰快递App通过字母与图形进行创意加工，使应用图标视觉表现更加饱满；爱奇艺App则通过字母和图形组合，形成一个视觉表现饱满的图标效果。

图4-63　字母加图形组合设计

4.6.3　图形形式

对于一些偏工具性的图标，可以采用简单图形传达应用的功能。图标的主体图形是一种经过高度抽象化的标识，传达的是品牌，而不是图形的含义。图形形式的图标通常作为功能图标，而不作为启动图标，图4-64所示为采用了图形形式设计的图标。

图4-64　图形形式设计

4.6.4　数字和特殊符号形式

我们对数字是非常敏感的，利用数字设计能给人亲和力，而且数字的识别性很强，易于品牌传播与用户记忆，图4-65所示为58同城App和56视频App。

特殊符号在应用图标的设计案例中相对较少，由于符号本身的含义会对产品属性有一定限制，所以针对性比较强。图4-66所示的360借条App中的"￥"符号可代表与钱财有关联性的产品，无法运用在与此属性无关的产品上面。

图4-65　数字设计　　　　　　　图4-66　特殊符号设计

4.7 启动图标设计

每一个App都应该设计一个美丽的、识别度高的图标，这样就可以让其在应用商店界面中脱颖而出。图标是用户对App的第一印象，是用户第一次感知App用途的途径。它会贯穿在整个系统中。

4.7.1 启动图标设计要求

无论是iOS系统还是Android系统，启动图标都是用户第一眼看到的与App相关的元素，因此在设计时，除了要考虑图标的美观性，还要考虑以下问题。

● 图标设计简约

找到最具有代表性、最能反映App目的的一个元素，通过抽象简化的手法来设计。细节添加要谨慎，如果细节过于复杂，则会造成图标难以辨别，尤其是在较小尺寸的情形下。

● 图标要保证有唯一的视觉焦点

设计出来的图标有且仅有一个视觉焦点，这样可以让用户在看图标的时候立即识别出App，获取到想传达的内容。

● 设计的图标识别度要高

不应该让用户通过分析App图标才能弄懂它具体代表的是什么（不直观）。图4-67所示的"邮件"应用图标，是以一个大家习以为常的信封图案通过艺术化加工设计出来的，信封和邮件的关联性很强，所以很容易被用户识别。

图4-67　邮件图标

● 保证启动图标的背景简单，避免使用半透明背景

确保启动图标背景不透明，避免和图标背后的内容发生混淆。图标的背景不要过于花哨，避免影响屏幕上其他图标的展示。没有必要将图案铺满整个图标。

● 尽量不要在启动图标上设置文字

应用的名称会显示在图标的下方，所以没必要在启动图标上设置文字。如果设置需要包含一些文字，请确保文字和应用的内容相关。

● 图标中不要包含照片、屏幕截图或界面中的元素

太小尺寸的图片细节不容易被识别出来。屏幕截图相对图标来说也是过于复杂的，而且不能很好地把App的用途传达出来。太复杂的界面元素很容易误导或混淆图标的真实目的。

● 用不同的桌面壁纸测试启动图标

因为无法决定用户会将哪种图片设置为手机壁纸，所以设计完启动图标后一定要在深色和浅色背景下分别测试一下启动图标显示是否正常。最好在真实的设备上尝试用动态背景测试它，并转换不同的观察角度测试它。

提示

不要在应用中滥用启动图标。启动图标分别用在不同的功能上会让用户觉得很怪异。

4.7.2 启动图标设计规范

启动图标通常应用在设备屏幕页或应用商店中，对图标的属性和尺寸有严格的规定，设计师在设计图标时，要遵守这些规定，以确保图标能够正确显示。

● 启动图标属性

启动图标属性的规定如表4-1所示。

表4-1　启动图标属性的规定

属性	值
格式	PNG
颜色模式	SRGB或P3
样式	扁平化、没有透明度
分辨率	不确定，参考图像尺寸和分辨率
形状	方形，没有圆角

● 启动图标尺寸

启动图标尺寸通常分为大尺寸和小尺寸。大尺寸图标会应用到应用商店中，小尺寸图标会应用到屏幕页或手机系统的其他地方，图4-68所示为微信App启动图标应用到系统的不同地方。

图4-68　微信App启动图标应用到系统的不同地方

实战练习 04　**设计制作iOS指南针启动图标**

视　频：资源包\视频\第4章\4-7-2.mp4　　　源文件：资源包\源文件\第4章\4-7-2.psd

● 案例分析

本案例主要向读者介绍iOS系统中的指南针启动图标的制作过程。通过案例的制作，读者能够深刻了解启动图标的制作规范和要求。

图标尺寸采用120px×120px，主色为黑色，文字颜色为白色，采用红色作为辅助色，设计风格为扁平化风格，整体效果视觉冲击力强，完成效果如图4-69所示。

 制作步骤

图4-69　指南针启动图标

01 启动Photoshop软件，执行"文件>新建"命令，新建一个120px×120px的空白文档，如图4-70所示。使用"矩形工具"在画布中创建一个120px×120px的矩形，如图4-71所示。

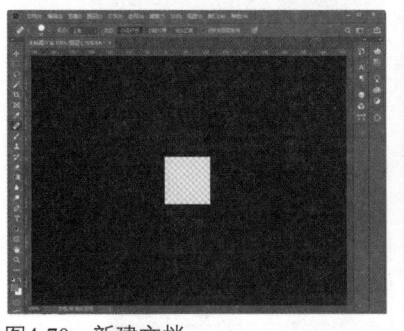 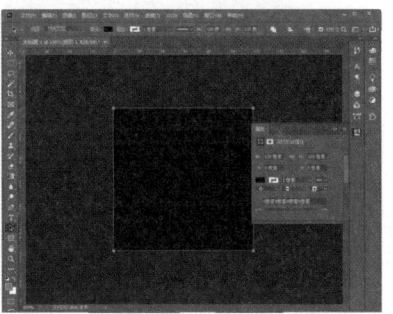

图4-70　新建文档　　　　　图4-71　创建矩形

02 使用"直线工具"绘制W为1像素，H为10像素的白色直线，如图4-72所示。执行"编辑>自由变换路径"命令，按下Alt键的同时，在画布中心位置单击确定中心点，在选项栏中设置旋转角度为30°，效果如图4-73所示。

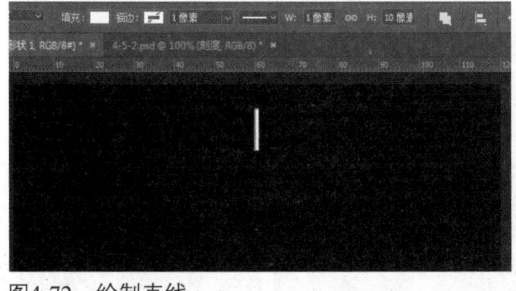 

图4-72　绘制直线　　　　　　　　图4-73　旋转直线

03 单击选项栏上的"提交变换"按钮，按下组合键Ctrl+Alt+Shift+T，旋转复制直线，得到如图4-74所示的效果。继续使用相同的方法完成如图4-75所示的效果。

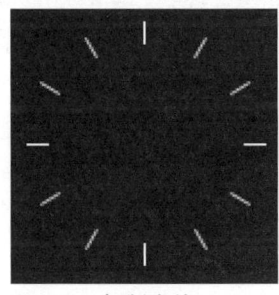 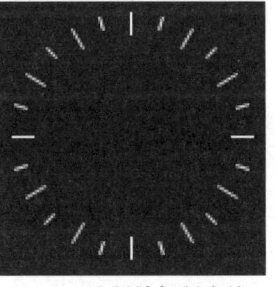

图4-74　复制直线　　　　图4-75　绘制并复制直线

04 在"图层"面板上选中所有直线图层，建立名称为"刻度"的组，如图4-76所示。使用"多边形工具"创建如图4-77所示的三角形。

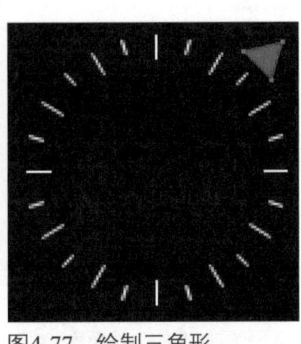

图4-76　图层编组　　　　　图4-77　绘制三角形

05 使用"椭圆工具"绘制"填充"颜色为RGB（32，32，34）的椭圆形，绘制效果如图4-78所示。使用"直线工具"绘制"粗细"为1.5的直线，如图4-79所示。

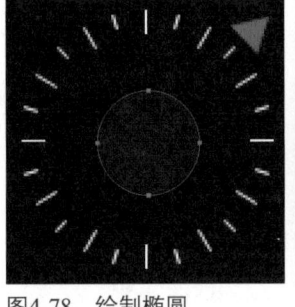

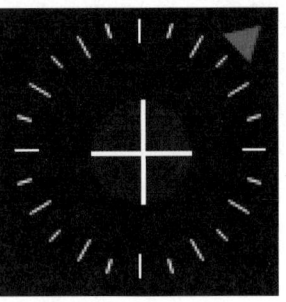

图4-78　绘制椭圆　　　　　图4-79　绘制直线

06 使用"横排文字工具"在画布中单击，在"字符"面板中设置各项参数，如图4-80所示。输入文字，效果如图4-81所示。使用相同的方法继续输入文字，如图4-82所示。

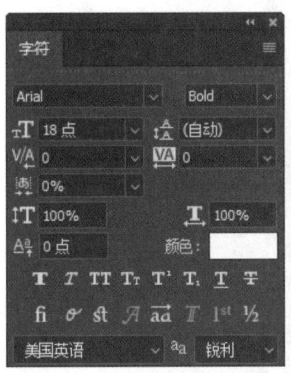

图4-80　设置参数　　　　图4-81　输入文字　　　　图4-82　继续输入文字

提示
启动图标还可以应用到应用商店中。需要注意的是，由于应用商店不会自动添加圆角，因此应用到应用商店的启动图标应自带圆角。

07 执行"文件>导出>快速导出为PNG"命令，将图标导出为app_icon@2x.png，如图4-83所示。

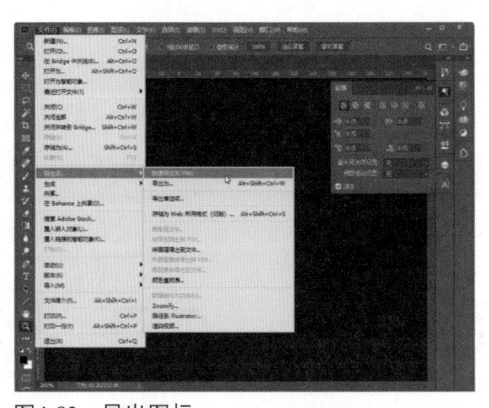

app_icon@2x.png

图4-83 导出图标

4.7.3 快速索引、设置页面和通知图标

App还要提供一个小图标，将该小图标用在系统快速索引到该App名字时的显示。此外，在系统的设置页面要提供一个小的启动图标，在消息通知面板也要提供一个小的启动图标，图4-84所示为网易新闻图标在不同位置的应用。

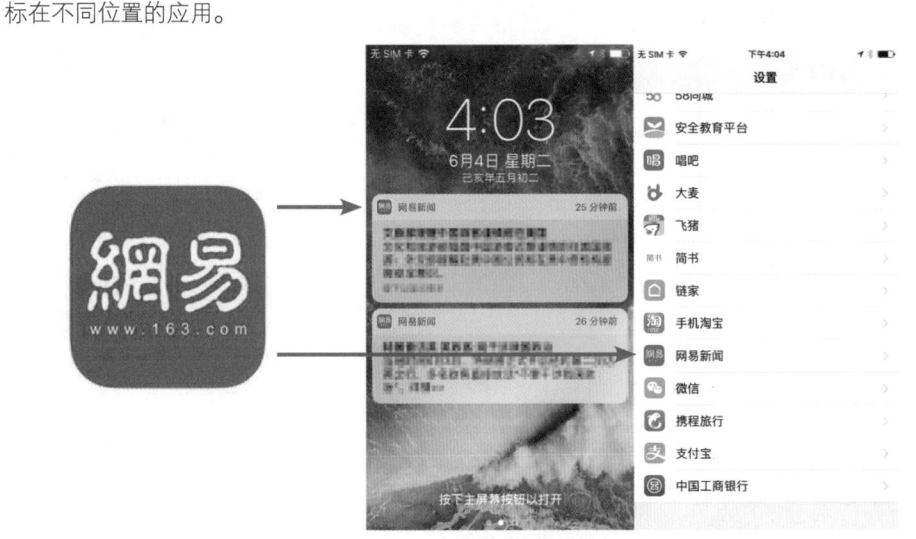

图4-84 网易新闻图标在不同位置的应用

所有图标都应该能清楚传达App的目的，在理想情况下，需要为快速索引、设置页面和通知图标提供一个单独的图标，如果未提供，那么iOS系统会自动缩小App的主应用程序图标尺寸以满足这些地方的需求。

4.8 标签栏图标设计

App底部的标签栏通常起到全局导航的作用，一般使用图标代表不同模块。图标一般会设计成激活图标和未激活图标两种状态。

目前，标签栏图标一般会选择剪影或线性的设计形式，图4-85所示为iOS系统下的App标签栏图标。

图4-85 iOS系统下的App标签栏图标

激活的图标设计为剪影的形式，未激活的图标设计为线性的形式。这样点击和未点击的图标除了有颜色的变化，还有设计形式的变化，如图4-86所示。图标激活状态为一种颜色，这种颜色一般选择使用这个App的品牌色，其他图标为灰色。

未激活状态

激活状态

图4-86　图标的未激活状态与激活状态

实战练习 05　**设计制作标签栏图标**

视　频：资源包\视频\第4章\4-8.mp4　　　　源文件：资源包\源文件\第4章\4-8.ai

● 案例分析

本案例主要向读者介绍标签栏图标的设计制作过程。通过案例的制作，读者能够深刻理解标签栏图标的制作规范和要求。

> 提示　图标尺寸采用 64px×64px，填充颜色设置为黄色，描边颜色设置为红色。图标效果色彩突出，对比效果强烈。

案例中的图标采用@2x缩放绘制，为了适配不同的屏幕，可以选择不同的缩放倍率输出。@1.5x导出时为3倍图，@0.5x导出时为1倍图，图标制作完成效果如图4-87所示。

图4-87　指南针启动图标

● 制作步骤

01 启动Adobe Illustrator软件，新建一个680px×180px的文件，如图4-88所示。使用"矩形工具"在画布中创建一个54px×34px的矩形。设置"填色"为RGB（248，223，0），"描边"宽度为3pt，颜色为RGB（226，89，57），角半径为（0，0，10.5，10.5），绘制效果如图4-89所示。

图4-88 新建文档

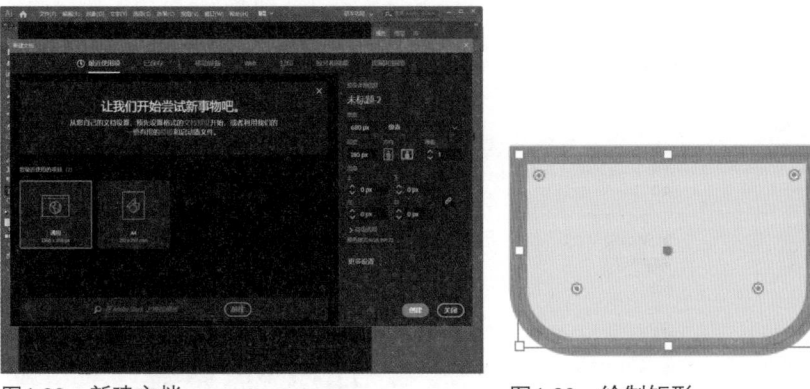

图4-89 绘制矩形

02 使用"矩形工具"绘制一个13px×48px的矩形，并设置"填色"为RGB（255，146，125），"描边"宽度为3pt，颜色为RGB（226，89，57），效果如图4-90所示。使用相同的方法，继续使用"矩形工具"绘制圆角矩形，如图4-91所示。

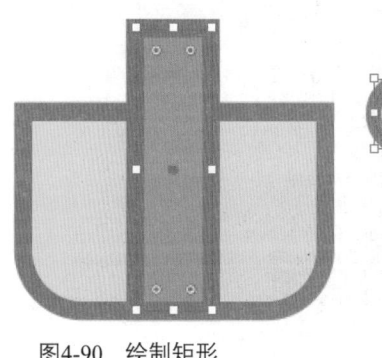

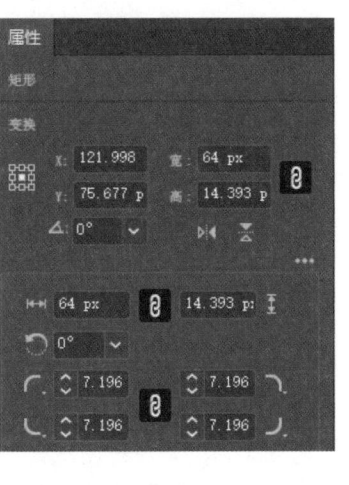

图4-90 绘制矩形　　　图4-91 绘制圆角矩形

03 使用"钢笔工具"绘制如图4-92所示的图形，设置"描边"为3px，"填色"为"无"，"描边"颜色为RGB（226，89，57），使用相同的方法绘制图形，如图4-93所示。

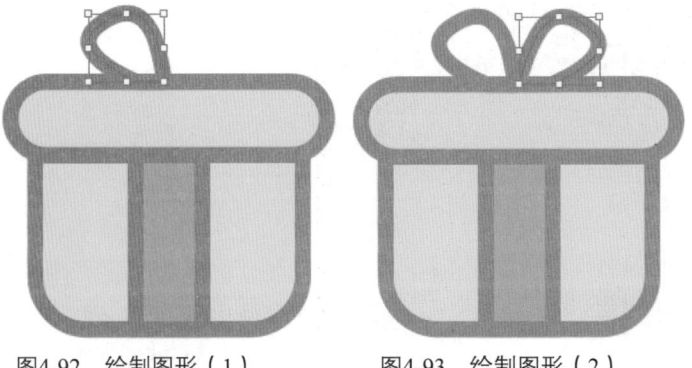

图4-92 绘制图形（1）　　　图4-93 绘制图形（2）

04 选中图标的所有图形，单击鼠标右键，在弹出的快捷菜单中选择"收集以导出>作为单个资源"选项，如图4-94所示。"资源导出"面板如图4-95所示。

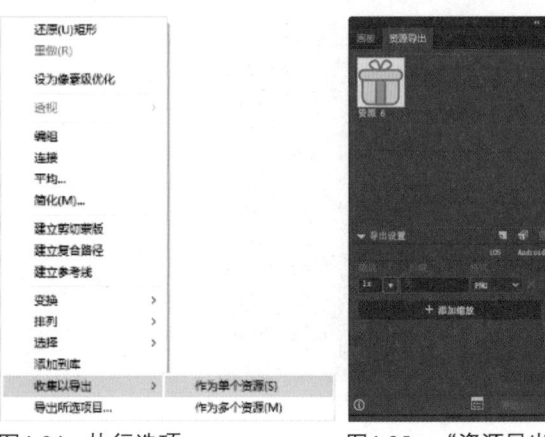

图4-94　执行选项　　　　　　　　图4-95　"资源导出"面板

05 单击"添加缩放"按钮，选择添加1.5x缩放和0.5x缩放，如图4-96所示，以实现导出不同尺寸的图标。单击面板下面的"导出多种屏幕格式"按钮，弹出"导出为多种屏幕所用格式"对话框，如图4-97所示。

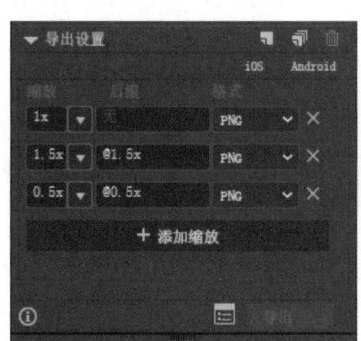
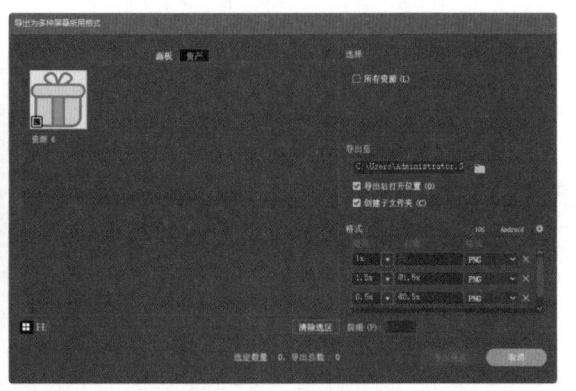

图4-96　添加缩放　　　　　　图4-97　打开"导出为多种屏幕所用格式"对话框

06 勾选要导出的图标，并设置导出位置，单击"导出资源"按钮，如图4-98所示，即可将不同缩放的图标导出，导出效果如图4-99所示。

图4-98　导出资源　　　　　　　　图4-99　导出图标效果

07 使用相同的方法，完成其他标签栏图标的绘制，完成效果如图4-100所示。

图4-100　标签栏图标

4.9　图标设计的优点与原则

众所周知，图标设计在移动端App设计中占有很大的比重。一个App的个性和风格是可以从图标上看出来的。

对手机这样的小屏幕设备来说，在大多数情况下采用图标的形式是适合的，其优点如下。

（1）利用图标辅助文字能在很多时候提高辨识度。

（2）提高整个App界面的视觉效果。

图4-101所示的是应用图标的App界面，图标在整个界面中起到了至关重要的作用，在视觉上清晰可见，在应用功能上能引导浏览者浏览。

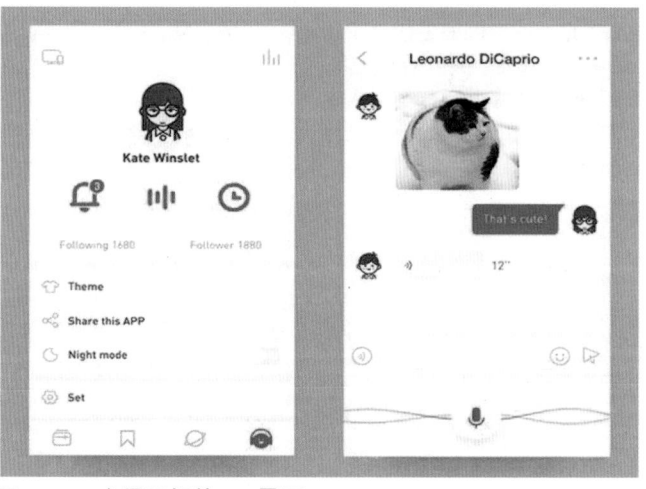

图4-101　应用图标的App界面

如今使用的App产品，其功能都在逐步增加，界面也越来越复杂，一个界面上所需要的按钮也越来越多，那么就会出现单纯的一个图标在语义上很难做到清晰且准确的情况，如果达不到清晰准确，就需要用户去思考及判断，增加了体验过程中的认知负荷。

如果无法快速而准确地传达信息，即使图标设计很精美也没有用。图4-102所示的App界面设计很简洁，没有具体的文字，只有图标。用户在浏览该界面时，几乎不能快速识别每个图标的功能，只能通过一段时间试用后才能熟悉起来。

当界面上的图标不容易被识别出来的时候，用户便下意识地回避它们，也许很多时候用户就这样慢慢流失了。

图4-103所示的App界面中的图标就应用得很好。图标搭配文字可以很好地表明每个图标的功能，方便浏览者访问。虽然图标很少，但保证了页面的清晰，便于用户识别，降低了用户的记忆成本。

图4-102　不便识别的图标　　图4-103　优秀的App界面

在设计App界面中的图标时，需要遵循下面几条设计原则。

（1）使用的图标语义要能准确清晰地将图标的功能表达出来。

（2）尽量使用用户都已经熟悉且有认知的图标语义。

（3）如果很难用直观的图标来表示文案的语义，则可以采用"图标+文字"的形式。

（4）如果页面空间不足，无法同时使用"图标+文字"的形式，则可以直接使用文字。

4.10　本章小结

本章从图标设计的基础开始学习，带领读者学习了图标的栅格系统、图标的渲染风格、图标的透视和图标集的制作流程等知识点。针对移动UI图标设计的形式、优点和原则进行讲解。通过制作应用案例，帮助读者深层次理解图标设计的方法和技巧，并熟知图标在App界面设计中的作用。

第5章 iOS系统界面应用设计

通过前面章节的学习，读者应该已经掌握了移动UI设计的相关知识，并熟悉了iOS系统界面设计的规范要求。本章将通过设计制作iOS系统App界面，帮助读者深度理解和应用所学内容。从界面的色彩搭配、界面布局到设计要求、输出规范，全方位展示iOS系统App界面的设计制作过程。

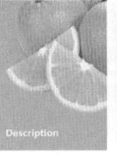

5.1 设计制作旅游App界面

本案例将设计制作一款旅游App界面。为了便于读者学习理解，本章分别从界面布局、色彩搭配、界面元素和输出适配四个方面进行讲解。旅游App完成的UI及切图素材如图5-1所示。

图5-1 旅游App完成的UI及切图素材

5.1.1 旅游App界面布局分析

iOS系统界面布局包括界面尺寸和界面组件两部分，下面逐一进行分析。

● 界面尺寸

目前iOS系统设备最小的屏幕是iPhone SE（640px×960px），iPhone SE的适配尺寸与iPhone 5/5s/5c（640px×1136px）和iPhone 6/6s/7/8（750px×1334px）相同，都采用@2x倍率。

目前iOS系统的主流设备最大的屏幕是iPhone 12 Pro Max（2778px×1284px），iPhone XS的适配尺寸与iPhone 6/6s/7/8 Plus（1242px×2208px）和iPhone X（1125px×2436px）相同，都采用@3x倍率。

为了便于向上或向下适配，建议采用iPhone 6/6s/7/8的尺寸进行设计，也就是750px×1334px。当然也可以直接使用@1x倍率的尺寸设计，也就是375px×667px。

● 界面组件

iOS系统的基本组件包括状态栏、导航栏和标签栏。不同的设备，其组件的高度也不相同，由于本案例中将采用iPhone 6/6s/7/8的尺寸进行设计，因此状态栏高度为40px，导航栏高度为88px，标签栏高度为98px。

设计制作旅游App界面布局

视 频：资源包\视频\第5章\5-1-1.mp4　　　　源文件：资源包\源文件\第5章\5-1-1.xd

● 案例分析

　　本案例将使用Adobe XD完成旅游App界面布局的制作。界面尺寸和组件尺寸都采用iPhone 6/6s/7/8的尺寸，完成效果如图5-2所示。

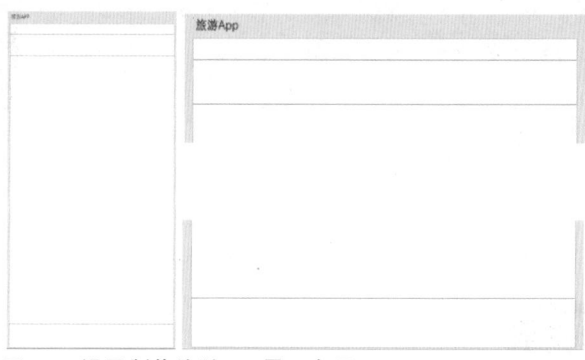

图5-2　设置制作旅游App界面布局

● 制作步骤

01 启动Adobe XD，软件界面如图5-3所示。单击iPhone X/XS选项后的下拉按钮，在弹出的下拉菜单中选择图5-4所示的选项。

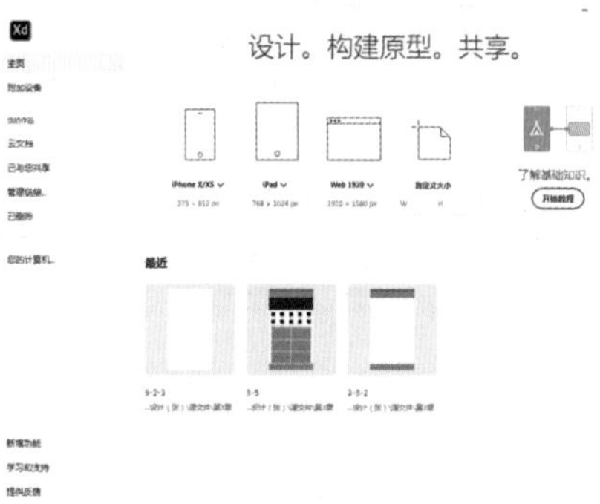

图5-3　启动Adobe XD 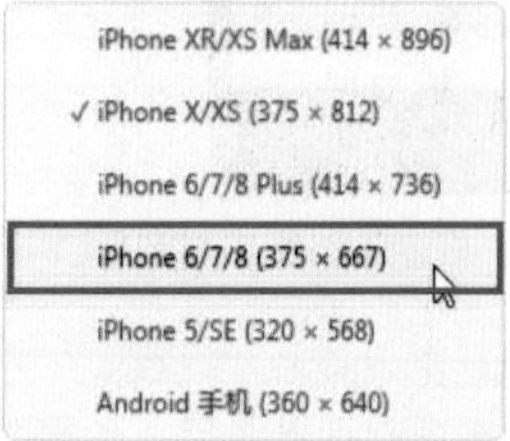　　　　　　　　　　图5-4　选择新建文档尺寸

02 单击画板左上角的文字，修改画板名称如图5-5所示。在软件界面右侧面板中修改画板的W为750，H为1334，如图5-6所示。

图5-5　修改画板名称 　　　　　　　　　　图5-6　修改画板尺寸

03 将画板左侧的蓝色滑块拖到画板的底部，如图5-7所示。将鼠标指针移动到画板顶部边界，按住鼠标左键向下拖曳，创建一条距离顶部40px的状态栏辅助线，确定状态栏的位置如图5-8所示。

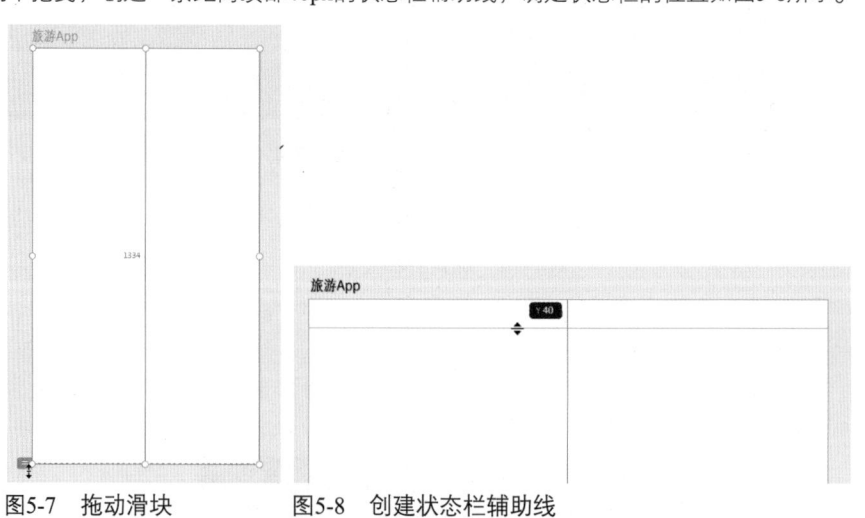

图5-7　拖动滑块　　　　图5-8　创建状态栏辅助线

04 使用相同的方法，继续创建距离顶部128px的导航栏辅助线，如图5-9所示。继续创建距离底部98px的标签栏辅助线，如图5-10所示。

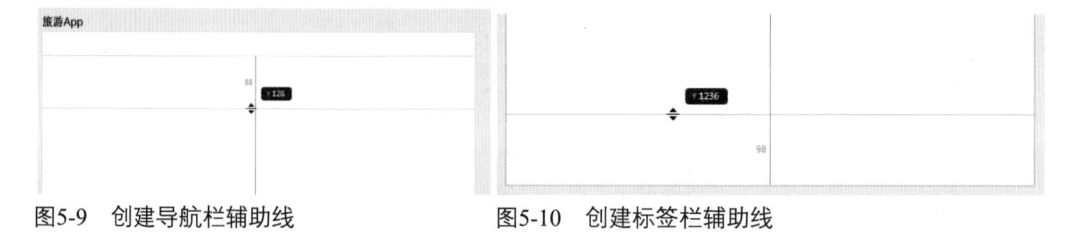

图5-9　创建导航栏辅助线　　　　图5-10　创建标签栏辅助线

05 单击软件界面左上角的 ☰ 图标，在弹出的快捷菜单中选择"保存"选项，将文件保存为5-1-1.xd，如图5-11所示。完成界面基本布局的创建，界面效果如图5-12所示。

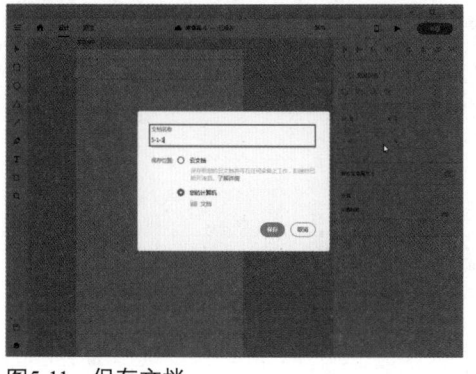

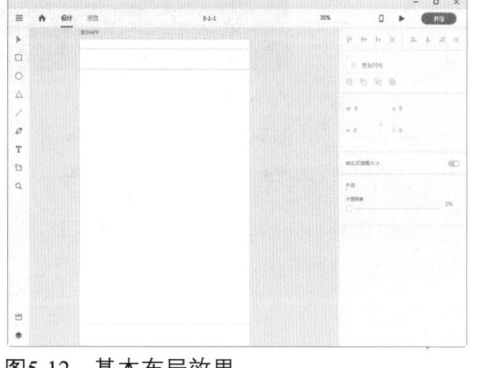

图5-11　保存文档　　　　图5-12　基本布局效果

5.1.2 旅游App界面色彩搭配分析

完成界面的基本布局后，接下来开始设计制作界面内容。为了确保界面的美观，首先需要确定一套配色方案。

● 确定主色

作为一个旅游App，想向用户传达的是轻松、欢乐、愉快、休闲的感受。因此可以选择具有这些色彩意向的颜色作为主色。橙色、绿色、黄色和青色都能传达轻松、欢快的感受，如图5-13所示。

图5-13　符合要求的颜色

橙色和黄色有热情、甜美的感觉，与该旅游App主题并不相符。绿色和青色则比较符合旅游App的要求。考虑到这两种颜色对用户视觉吸引程度的差别，该案例采用了青色作为主色，如图5-14所示。

67d2c8

图5-14　确定界面主色

● 确定辅色

确定主色后，接下来可以根据主色确定辅色。为了最大化呈现旅游休闲的感觉，该界面采用同色系搭配的方式。尽量采用青色或深绿色的图标和图片。需要突出或着重说明的可以使用黄色或橙色作为点缀色，如图5-15所示。整个界面色调统一，主题突出。

辅助色

点缀色

图5-15　确定界面辅助色和点缀色

● 确定文本色

App界面中包含大量的文字，文本的颜色会影响界面的友好性和易读性。在通常情况下，文字的颜色都会设置为深灰色，而不是黑色。这样做既保证用户能够清晰阅读，又能很好地避免黑色的沉闷影响界面的整体效果。

对于一些需要着重突出的文本，最简单的方式就是直接使用主色，如图5-16所示。

文本色　　　　　　　　　突出文本色

图5-16　确定界面文本色

5.1.3　旅游App界面元素分析

旅游App最能吸引人的就是优美的图片，而卡片式布局是展示图片最好的方式。因此该App采用了卡片式的布局方式，界面元素的设计规范分析如下。

● 按钮

界面底部标签栏图标尺寸设置为44px×44px和80px×80px，如图5-17所示。导航栏图标尺寸设置为72px×72px和58px×58px，如图5-18所示。

图5-17　标签栏图标尺寸

图5-18　导航栏图标尺寸

　　界面中的图标采用线性风格，如图5-19所示，这与界面极简的设计风格相符，也便于用户在界面中快速找到并点击该图标。

图5-19　线性风格图标

● 图片

　　为了获得好的视觉效果，界面中的图片都采用16∶9的比例。这样既可以充分发挥旅游产品的特色，又可以兼顾到App界面的美观性。图5-20所示为界面中图片的草图。

图5-20　界面中图片的草图

● 文字

　　界面中的文字内容较少，字体选择苹果公司的苹方字体。按照标题的文字层级分别使用28pt、24pt和22pt的字号。图5-21所示为界面中文字的字体和字号。

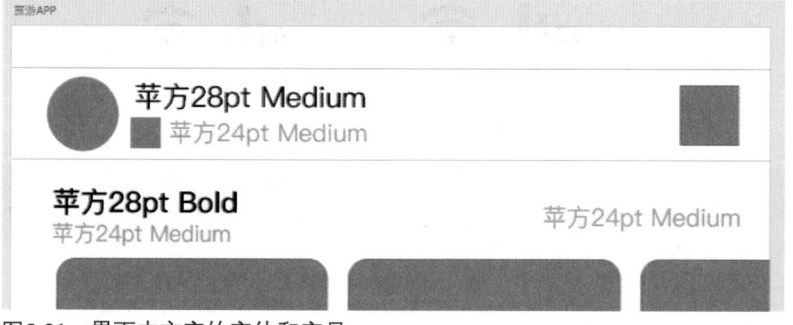

图5-21　界面中文字的字体和字号

117

实战练习 02 　　设计制作旅游App界面

视 频：资源包\视频\第5章\5-1-3.mp4　　　　　源文件：资源包\源文件\第5章\5-1-3.xd

● 案例分析

　　本案例将使用Adobe XD完成旅游App界面设计制作。制作过程充分考虑界面中不同元素的规范和要求，合理安排图标和按钮布局，完成界面效果如图5-22所示。

图5-22　设计制作旅游App界面

● 制作步骤

01 打开5-1-1.xd和模板.xd文件，在模板.xd中找到状态栏图标，按组合键Ctrl+C，进入5-1-1.xd文件，按组合键Ctrl+V，拖动调整到如图5-23所示的位置。

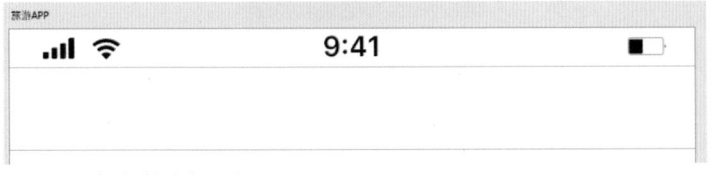

图5-23　复制状态栏图标

02 使用"椭圆"工具在画布中创建一个72px×72px的椭圆，设置"填充"颜色为#60CEC3，设置"边界"颜色为#56BFB0，如图5-24所示。使用"钢笔"工具绘制箭头图形，如图5-25所示。

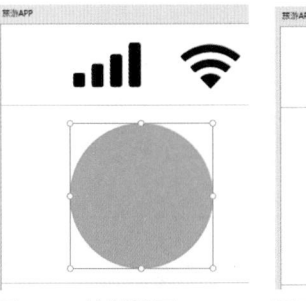

图5-24　绘制椭圆　　　　　图5-25　绘制箭头图形

03 使用"文本"工具在画布中单击，在右侧属性面板中设置文本各项参数，如图5-26所示。输入文本如图5-27所示。

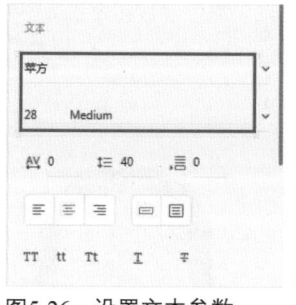

图5-26　设置文本参数　　　图5-27　输入文本

04 使用"椭圆"工具和"直线"工具在画板中创建图形，如图5-28所示。选中直线，按下Alt键的同时向下拖动复制，如图5-29所示。

05 将两条直线选中，单击鼠标右键，在弹出的快捷菜单中选择"复制"选项后，再次单击鼠标右键，在弹出的快捷菜单中选择"粘贴"选项，将鼠标指针移动到直线顶部，旋转90°，如图5-30所示。

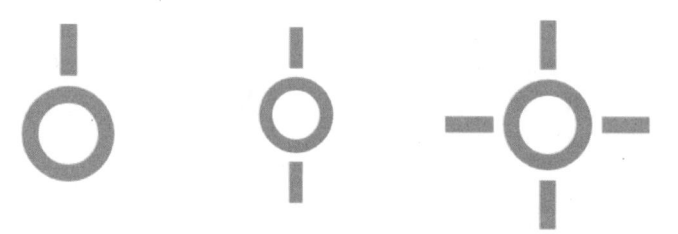

图5-28　绘制图形　　　图5-29　复制图形　　　图5-30　复制并旋转图形

06 将所有直线选中，通过复制、粘贴和旋转操作，得到的效果如图5-31所示。将所有图形选中，单击鼠标右键，在弹出的快捷菜单中选择"组"选项，将图形编组，如图5-32所示。

图5-31　复制并旋转图形　　图5-32　图形编组

07 在页面中继续使用"文本"工具输入文字，输入文字效果如图5-33所示。设置属性面板上的文本参数，如图5-34所示。

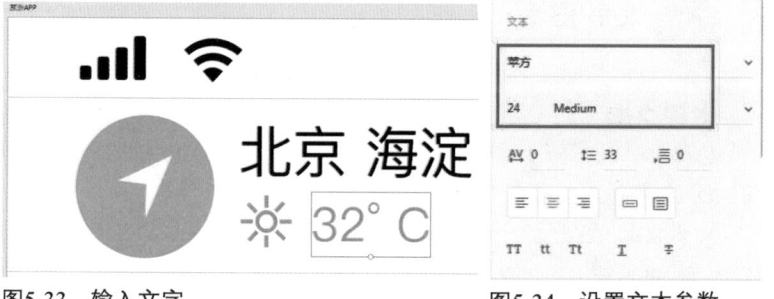

图5-33　输入文字　　　　　　　　图5-34　设置文本参数

08 使用"矩形"工具在画板中绘制一个32px×36px的圆角矩形，属性参数和效果如图5-35所示。双击矩形进入编辑模式，向两侧拖动调整下面两个顶点，并分别双击顶点，按下Alt键的同时拖动控制轴，效果如图5-36所示。

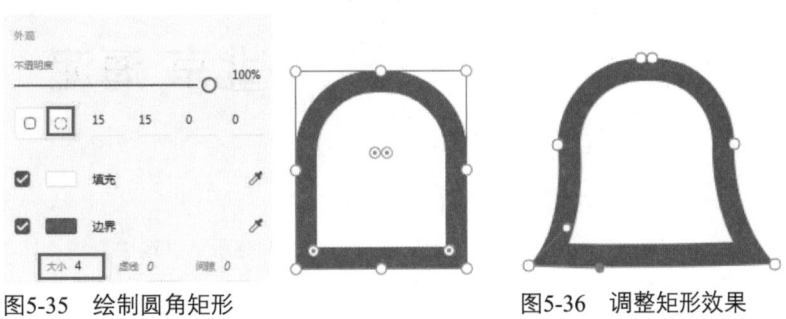

图5-35 绘制圆角矩形   图5-36 调整矩形效果

09 使用"矩形"工具在画板中绘制矩形，如图5-37所示。拖动选中该图形，将其编组并调整位置，如图5-38所示。

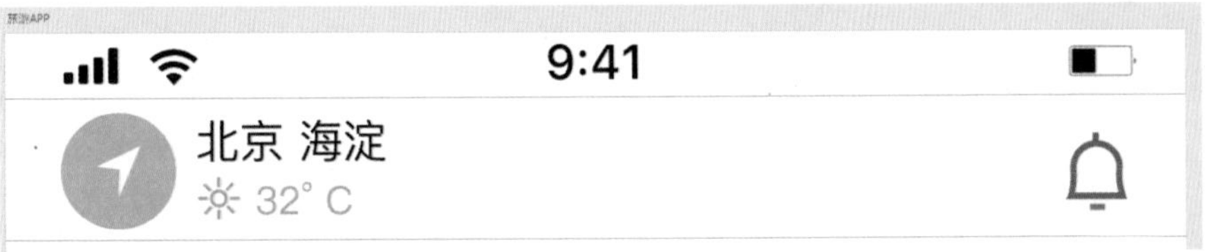

图5-37 绘制矩形 图5-38 编组并调整位置

10 使用"文本"工具在画板中输入文字，设置文字属性如图5-39所示。使用相同的方法，继续输入文字内容，文字字号以2的倍数减小，如图5-40所示。

图5-39 输入文字并设置文字属性

图5-40 继续输入文本

11 使用"矩形"工具在画板中绘制一个270px×390px的矩形，在属性面板上设置各项参数，如图5-41所示。按下Alt键的同时向右侧拖动矩形，复制两个矩形，如图5-42所示。

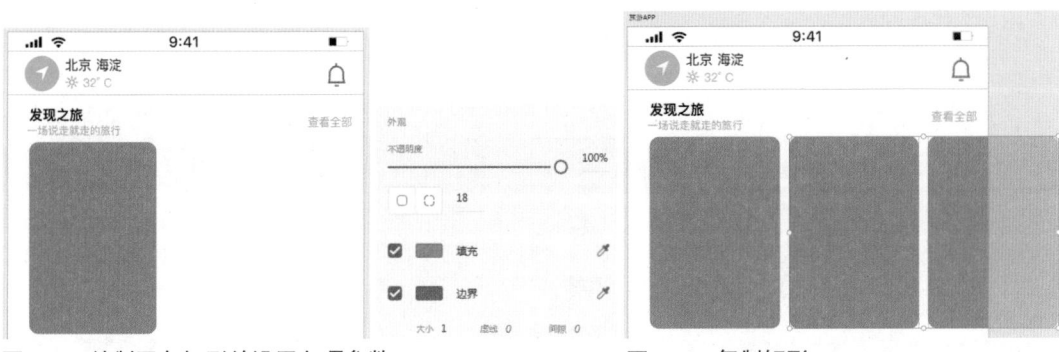

图5-41　绘制圆角矩形并设置各项参数　　　　图5-42　复制矩形

12 将图片5101.jpg拖到Adobe XD中的圆角矩形上，如图5-43所示。使用相同的方法完成其他图片的制作，如图5-44所示。

　　　　图5-43　拖入图片　　　　　　　图5-44　完成其他图片的制作

13 使用"文本"工具在画板中继续输入文本，如图5-45所示。使用"矩形"工具绘制两个按钮，如图5-46所示。

图5-45　输入文字内容　　　　　图5-46　绘制按钮

提示　文字标题距顶部的距离要相同，且都应为偶数。例如，"发现之旅"文字和"回忆之旅"文字距离顶部对象都是24px。选中对象，按下Alt键可以查看各项数值。

14 使用"矩形"工具在画板中绘制一个670px×310px的矩形，在属性面板上设置各项参数，如图5-47所示。按下Alt键的同时向右侧拖动矩形，复制两个矩形，如图5-48所示。

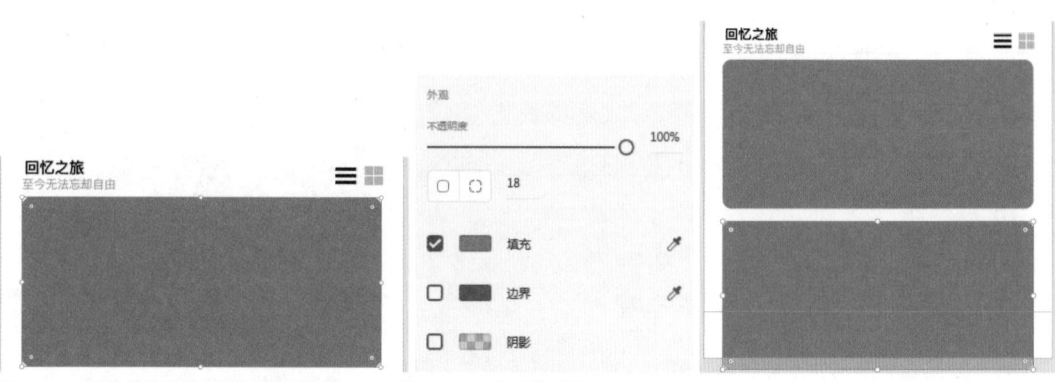

图5-47　绘制矩形并设置各项参数　　图5-48　复制矩形

15 将外部的图片素材拖到矩形上，如图5-49所示。使用"矩形"工具绘制一个750px×98px的矩形，如图5-50所示。

图5-49　拖入图片素材　　　　图5-50　绘制矩形

16 使用"椭圆"工具在画板中绘制一个20px×20px的圆形，如图5-51所示。再次使用"椭圆"工具绘制一个38px×30px的椭圆，如图5-52所示。

图5-51　绘制圆形　　　图5-52　绘制椭圆

17 使用"矩形"工具绘制矩形，如图5-53所示。选中矩形和椭圆，单击属性面板上的"减去"按钮，如图5-54所示，将两个图形选中并编组。

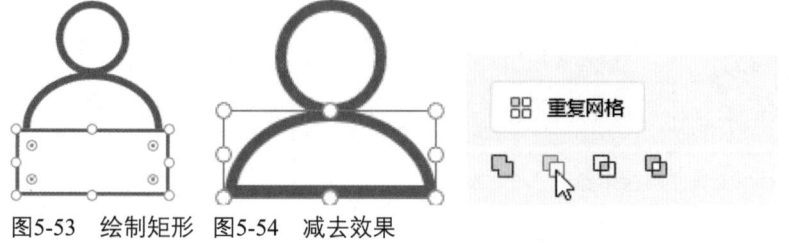

图5-53　绘制矩形　图5-54　减去效果

18 使用相同的方法，完成标签栏上其他图标的绘制，如图5-55所示。使用"椭圆"工具和"矩形"工具完成图5-56按钮的绘制。

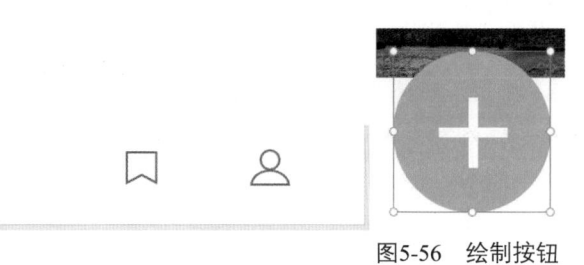

图5-55　标签栏上图标的绘制 　　　　　　　　　　　　　　　　　图5-56　绘制按钮

19 单击软件界面左上角的☰图标，在弹出的快捷菜单中选择"保存"选项，将文件保存为5-1-3.xd，完成旅游App界面的设计制作，最终效果如图5-57所示。

图5-57　完成旅游App界面设计

5.1.4　旅游App界面输出分析

界面中的文字、颜色和线条等元素，都是在后期开发阶段完成的，因此不需要输出。按钮、图标和图片等元素无法通过程序开发实现，需要正确输出，以确保适配不同机型后能正常显示。

向上适配iPhone X等机型时，需要使用3倍图；向下适配iPhone SE等机型时，需要使用1倍图。

本案例是采用了iPhone 6/6s/7/8的尺寸来设计制作的，该尺寸界面中的图片尺寸实际为2倍图。将该尺寸界面中的图片缩小0.5倍即可得到1倍图，放大1.5倍即可得到3倍图。

实战练习 03　　**旅游App界面适配**

视　频：资源包\视频\第5章\5-1-4.mp4　　　　源文件：资源包\源文件\第5章\51.\

● 案例分析

在使用Adobe XD输出时，可以同时输出3种尺寸的素材。在输出前，用户需要选择使用哪种尺寸进行的设计，然后Adobe XD会自动调整输出尺寸，以便获得正确的适配素材。输出的3种尺寸素材如图5-58所示。

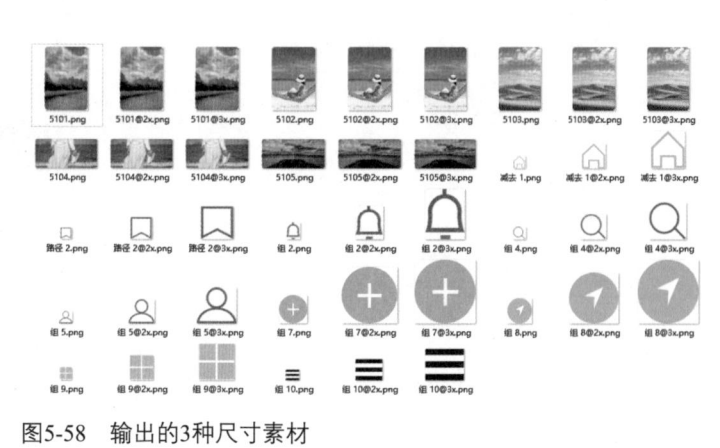

图5-58　输出的3种尺寸素材

● 制作步骤

01 打开5-1-3.xd文件，如图5-59所示。检查需要一起导出的图形是否编组。选择需要导出的元素或组，选择界面右下角"添加导出标记"选项，如图5-60所示。只有选择了"添加导出标记"选项，才能在后面的操作中正确输出。

图5-59　打开素材文件　　　　　　　　　　　图5-60　选择"添加导出标记"选项

> **提示**　为了保证输出的按钮尺寸符合规定，可在输出按钮底部添加一个无填充、无边界的矩形，确保输出按钮的范围。

02 单击软件界面左上角的≡图标，在弹出的快捷菜单中选择"导出>批处理"选项，如图5-61所示。在弹出的"导出资源"对话框中设置各项参数，如图5-62所示。

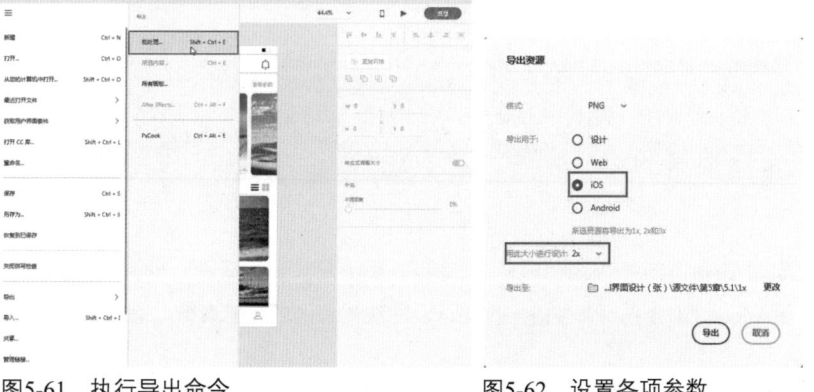

图5-61　执行导出命令　　　　　　　　　　　图5-62　设置各项参数

03 单击"导出"按钮，即可完成导出操作，导出3个尺寸的素材，如图5-63所示。

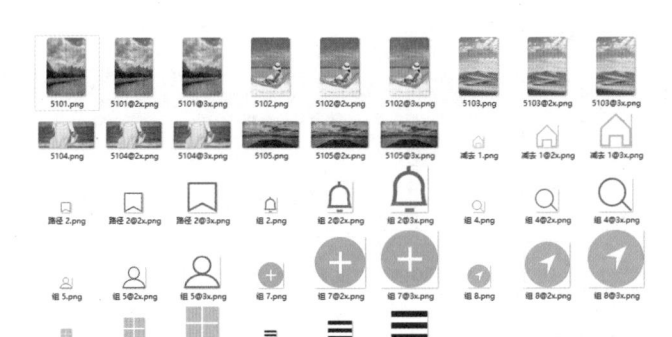

图5-63　完成素材的导出

 为了便于开发人员使用素材，建议设计师在设计制作时养成为素材命名的习惯。这样可以避免输出后再次对文件进行重命名操作。

5.2　设计制作外卖App界面

本案例设计制作一款外卖App的登录界面和主界面。通过案例的制作，帮助读者理解在iOS系统下设计制作App界面的规范和要求。为了便于读者学习，将分别从界面布局、色彩搭配、界面元素、输出适配和添加交互五个方面进行讲解。外卖App界面及切图素材如图5-64所示。

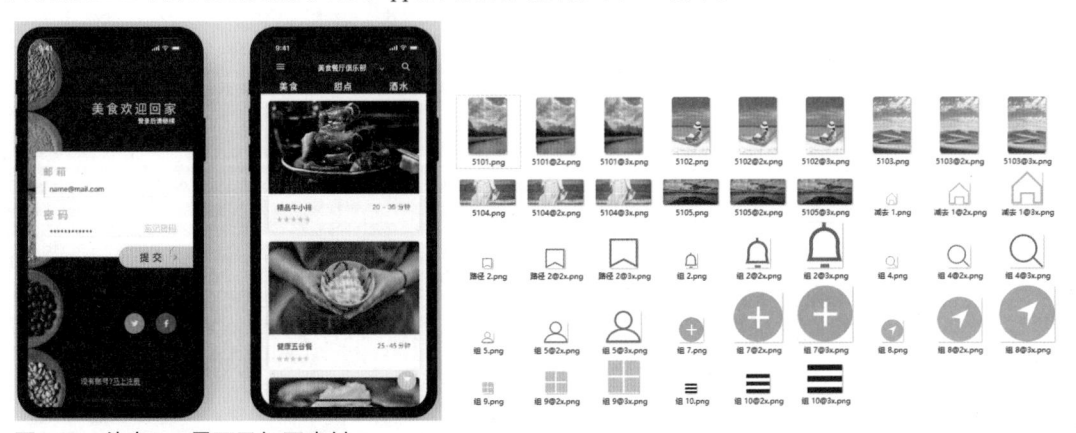

图5-64　外卖App界面及切图素材

5.2.1　外卖App界面布局分析

虽然iPhone X（1125px×2436px）和iPhone XS（1242px×2688px）这两种设备的屏幕尺寸不同，但在设计制作时却使用相同尺寸的素材。

本案例使用Adobe XD完成该外卖App界面的设计制作，为了便于最后的输出适配，采用了iPhone X的@1x倍尺寸（375px×812px）设计制作。输出时只需要输出适配iPhone 6/6s/7/8（750px×1334px）的@2x倍图和iPhone X（1125px×2436px）的@3x倍图即可。

在@2x倍尺寸情况下，iPhone X界面尺寸如图5-65所示。由于本案例采用@1x倍尺寸设计制作，因此状态栏高度为44px，导航栏高度为44px，标签栏高度为49px，主页指示器高度为34px，如图5-66所示。

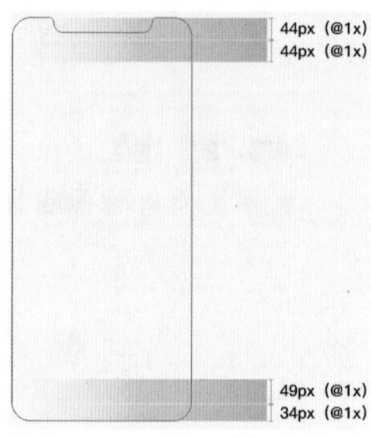
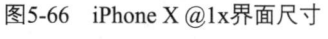

图5-65　iPhone X @2x界面尺寸　　　图5-66　iPhone X @1x界面尺寸

实战练习 04　设计制作外卖App界面布局

视　频：资源包\视频\第5章\5-2-1.mp4　　　源文件：资源包\源文件\第5章\5-2-1.xd

● 案例分析

　　本案例将使用Adobe XD完成外卖App界面布局的制作。外卖App界面布局尺寸采用了iPhone X/XS的尺寸，完成效果如图5-67所示。

● 制作步骤

图5-67　外卖App界面布局

01 启动Adobe XD软件，单击欢迎界面的iPhone X/XS选项上的图标，新建iPhone X/XS文件如图5-68所示。修改画板的名称为"登录页"，如图5-69所示。

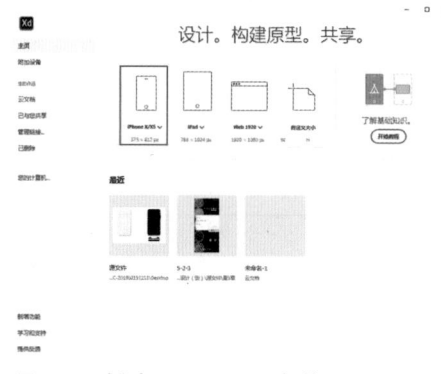
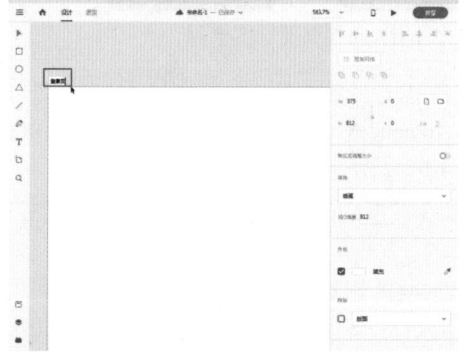

图5-68　新建iPhone X/XS文件　　　　图5-69　修改画板名称

02 在画板顶部按下鼠标左键并向下拖动，创建距离顶部为**44px**的状态栏辅助线，如图5-70所示。使用相同的方法创建距离顶部为**88px**的导航栏辅助线，如图5-71所示。

图5-70　创建状态栏辅助线

图5-71　创建导航栏辅助线

03 继续使用相同的方法创建标签栏和主页指示器辅助线，如图5-72所示。选中登录页画板，按下Alt键的同时向右侧拖曳，复制一个画板，修改其名称为主页，如图5-73所示。

 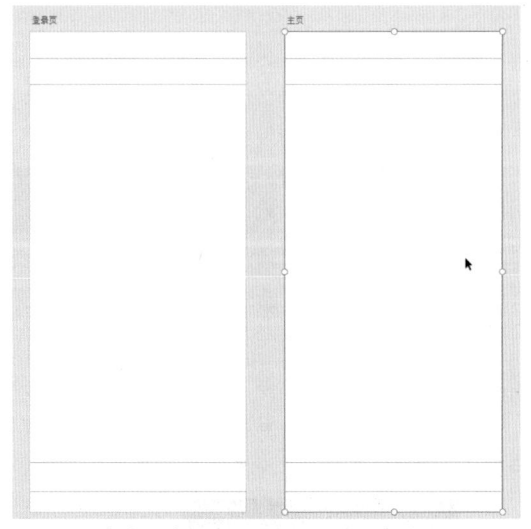

图5-72　创建效果　　　　　　图5-73　复制画板

04 单击该软件界面左上角的☰图标，在弹出的快捷菜单中选择"保存"选项，将文件保存为5-2-1.xd，完成界面布局的制作。

5.2.2　外卖App界面色彩搭配分析

完成界面的基本布局后，接下来开始设计制作界面内容。为了确保界面的美观性，首先需要确定一套配色方案。

● 确定主色

作为一个订餐外卖App，通常都会选择红色、黄色和橙色作为主色，因为这几个颜色的色彩意向中都有美味、可口、甜美的含义。应用了黄色和橙色的外卖App界面如图5-74所示。

图5-74　应用了黄色和橙色的外卖App界面

　　本案例为一家餐厅俱乐部设计界面，目标人群的年龄为30~40岁，产品以西餐为主，选择红色、黄色和橙色作为主色会稍显轻佻。因此本案例采用了具有神秘感的黑色作为主色，如图5-75所示。搭配食物的丰富颜色使整个界面安静、沉稳，与目标人群的诉求相同。

#272624

图5-75　确定界面主色

● 辅色

　　由于本案例界面中的图片大多是具有食欲的颜色。因此，辅色同样采用了具有食欲的、明亮的黄色。点缀色采用了辅色的补色，即蓝色，如图5-76所示。这样既能保证整个界面的色调统一，又能够保证用户在丰富的色彩中快速找到目标。

辅色　　　　　　　　　点缀色

图5-76　确定界面辅助色和点缀色

● 确定文本色

　　App界面中的文字内容较少，为了保证界面的易读性，文字的颜色采用了黑色、白色和灰色。白色背景上采用灰色或黑色的文字，黑色背景上采用白色的文字，以保证界面文字清晰，便于用户阅读。

　　对于一些需要着重突出的文本，最简单的方式就是直接使用界面的辅色，如图5-77所示。

文本色　　　　　　　　文本色　　　　　　　　突出文本色

图5-77　确定界面文本色

5.2.3　外卖App界面元素分析

　　本案例应用很多图片和文字，能否合理安排这些内容，会直接影响整个界面的效果。在设计本案例的界面元素时，一定要重视临近性原则的运用，图5-78所示的App界面中，每一个应用名称都远离其他图标，与对应的图标距离较近，保持亲密的关系，这让用户的浏览变得更直观。

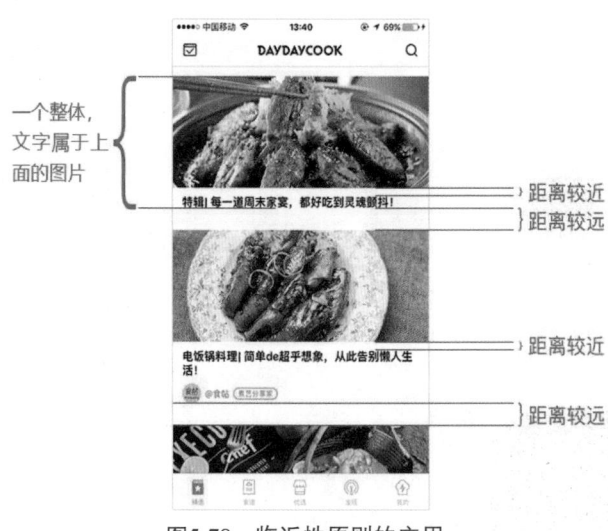

一个整体，
文字属于上
面的图片

距离较近
距离较远

距离较近

距离较远

图5-78　临近性原则的应用

提示

如果应用名称与上下图标的距离完全相同，就分不出应用名称是属于上面的文字还是属于下面的文字，从而让用户产生错乱。

实战练习
05

设计制作外卖App登录界面

视　频：资源包\视频\第5章\5-2-3-1.mp4　　源文件：资源包\源文件\第5章\5-2-3-1.xd

● 案例分析

本案例制作外卖App登录界面。该界面中的内容较少，在设计时要合理安排界面内容，避免因内容较少而造成松散感。同时要准确运用iPhone X的设计规则和尺寸，以确保界面内容能够正确输出。完成的外卖App登录界面如图5-79所示。

图5-79　完成的外卖App登录界面

● 制作步骤

01 打开5-1-1.xd文件和模板.xd文件，在模板.xd文件中找到状态栏图标，按下组合键Ctrl+C。进入5-2-1.xd文件，按下组合键Ctrl+V，将状态栏图标拖动调整到图5-80所示的位置。

图5-80　复制状态栏上图标

02 将图片5201.jpg拖到Adobe XD中的"登录页"画板上，如图5-81所示。在图片上单击鼠标右键，在弹出的快捷菜单中选择"排列>置于底层"选项，双击修改状态栏图标的颜色为白色，图标效果如图5-82所示。

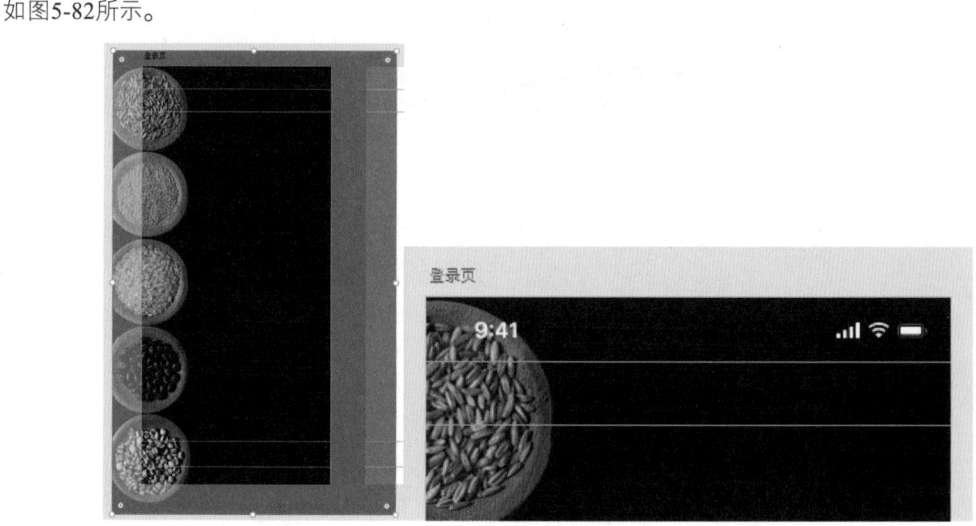

图5-81　导入背景图　　　　图5-82　修改背景层级

03 使用"矩形"工具在画板中绘制一个356px×232px的矩形，在属性面板上设置各项参数，如图5-83所示。绘制矩形效果如图5-84所示。

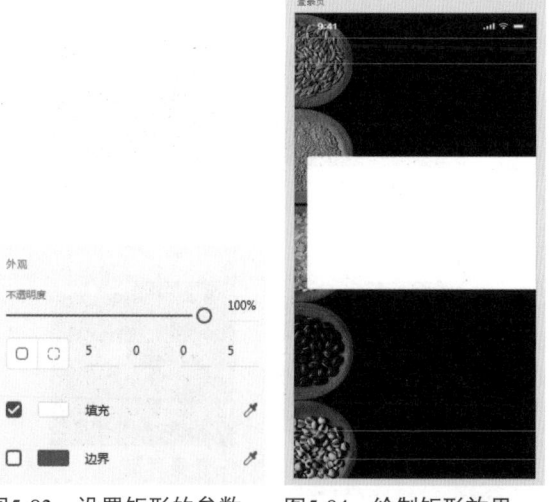

图5-83　设置矩形的参数　　　图5-84　绘制矩形效果

04 单击工具箱中的"文本"工具按钮，在属性面板上设置文本的各项参数，如图5-85所示。输入文本内容如图5-86所示。

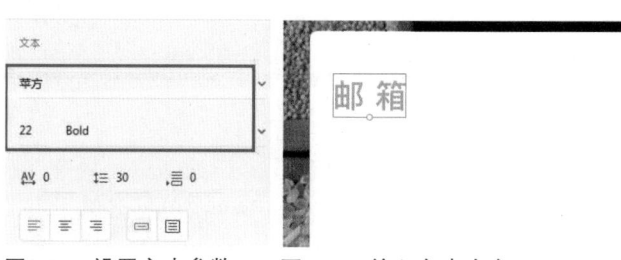

图5-85　设置文本参数　　　图5-86　输入文本内容

05 单击软件界面左下角的"资源"图标⬜，在弹出的"资源"面板中单击"字符样式"选项后的"+"图标，如图5-87所示。将所选文本的样式添加到"资源"面板中，如图5-88所示。

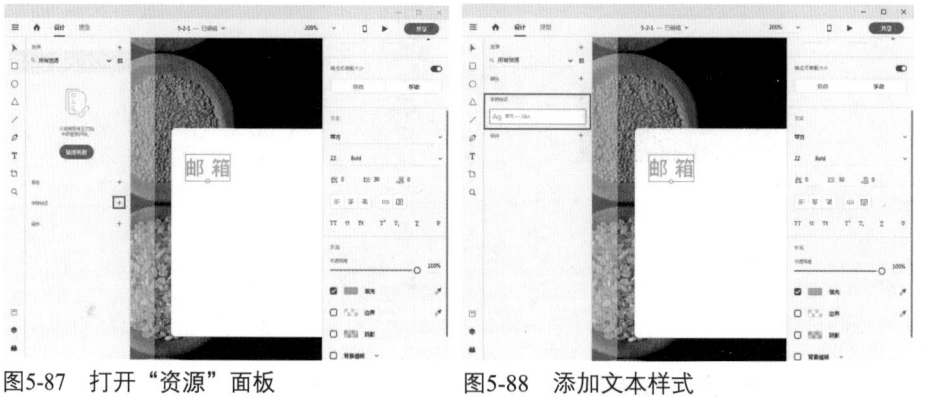

图5-87　打开"资源"面板　　　　　　图5-88　添加文本样式

06 使用"矩形"工具在画板中绘制一个3px×36px的矩形，在属性面板上设置各项参数，如图5-89所示。绘制矩形效果如图5-90所示。

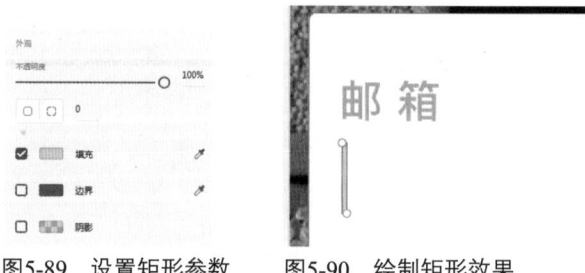

图5-89　设置矩形参数　　　图5-90　绘制矩形效果

07 使用"直线"工具在画板中的"邮箱"文字下面绘制一条直线，如图5-91所示。设置直线各项参数如图5-92所示。

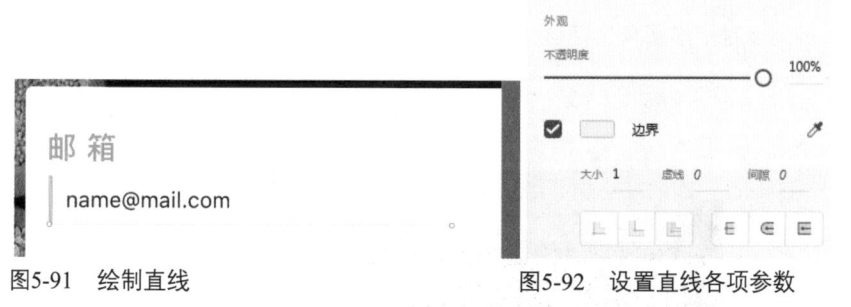

图5-91　绘制直线　　　　　　图5-92　设置直线各项参数

08 单击工具箱中的"文本"工具按钮，在属性面板上设置文本的各项参数，如图5-93所示。输入文本内容如图5-94所示。

图5-93　设置文本属性　　　　　　　图5-94　输入文本内容

09 将文本属性保存为字符样式，如图5-95所示。继续使用"文本"工具输入文本内容，并应用字符样式，如图5-96所示。

图5-95　添加文本样式　　　　　　　图5-96　输入文本内容并应用字符样式

10 使用"选择"工具选中直线，按下Alt键的同时向下拖动，复制直线，如图5-97所示。使用"矩形"工具在画板中绘制一个188px×47px的矩形，如图5-98所示。

图5-97　复制直线　　　　　　　图5-98　绘制矩形

11 在属性面板上设置矩形圆角半径值为36，如图5-99所示。使用"文本"工具输入按钮文本，如图5-100所示。

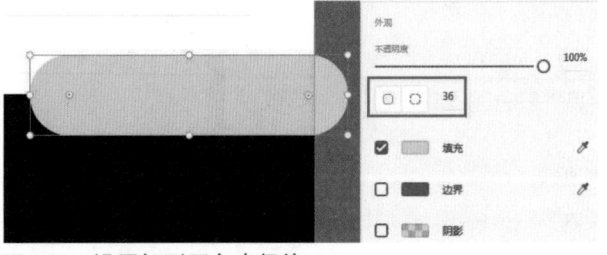

图5-99　设置矩形圆角半径值

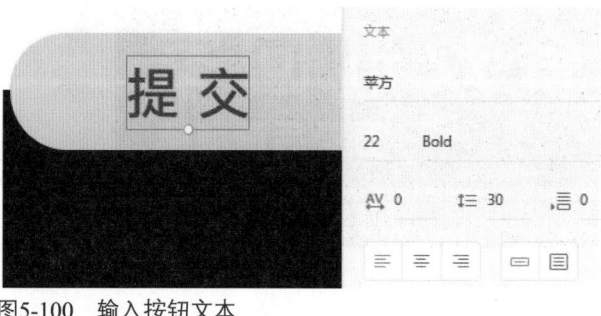

图5-100　输入按钮文本

12 使用"矩形"工具在画板中创建一个9px×9px的矩形，并在属性面板上设置旋转45°，如图5-101所示。按下Alt键的同时使用"选择"工具向左拖动，复制矩形，如图5-102所示。

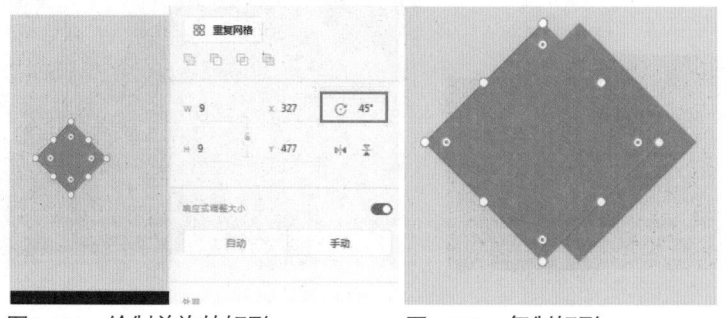

图5-101　绘制并旋转矩形　　　　图5-102　复制矩形

13 同时选中两个矩形，单击属性面板上的"减去"按钮，得到的效果如图5-103所示。使用"文本"工具在画板中输入文本，如图5-104所示。

图5-103　制作箭头图形　　　　图5-104　输入文本

14 使用"文本"工具在画板中输入标题文本，如图5-105所示。继续使用"文本"工具输入副标题文本，如图5-106所示。

图5-105　输入标题文本

图5-106　输入副标题文本

15 打开模板.xd文件，将图5-107所示的图标复制到画板中。使用"文本"工具在"标签栏"位置输入文本，如图5-108所示，完成登录界面的设计制作。

图5-107　复制图标

图5-108　输入文本

实战练习 06　设计制作外卖App主页界面

视　频：资源包\视频\第5章\5-2-3-2.mp4　　源文件：资源包\源文件\第5章\5-2-3-2.xd

● 案例分析

本案例制作外卖App的主页界面，完成效果如图5-109所示。为了便于用户浏览，要充分应用临近性原则，除了将同一个项目的图片、文字和图标尽量接近，还可以为同一类内容添加边框，以确保内容的整体性。

图5-109　完成的外卖App主页界面

● 制作步骤

01 按下Alt键的同时使用"选择"工具拖动"登录页"画板，复制出一个画板，修改其名称为"主页"，删除信息栏以下的内容，如图5-110所示。

02 在"主页"画板顶部，使用"矩形"工具绘制一个375px×124px的矩形，单击鼠标右键，在弹出的快捷菜单中选择"排列>置于底层"选项，双击修改状态栏图标的颜色为白色，如图5-111所示。

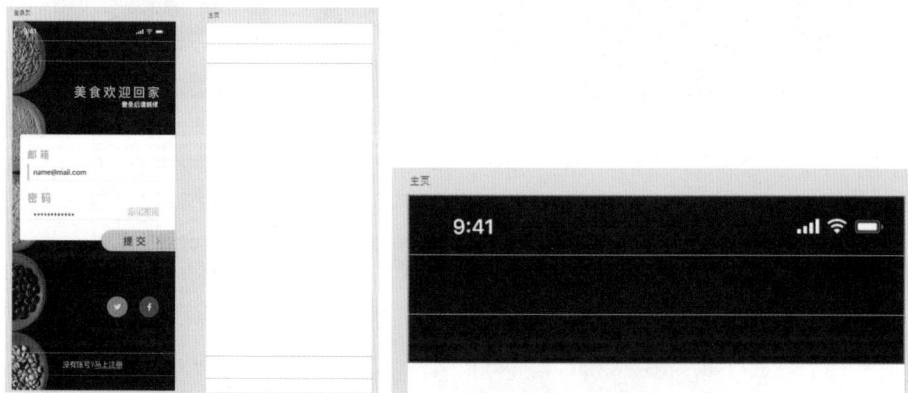

　　图5-110　复制画板　　　　　　　　　图5-111　修改背景层颜色

03 在导航栏位置使用"矩形"工具绘制一个18px×12px的矩形，如图5-112所示。再次使用"矩形"工具绘制两个18px×3px的矩形，如图5-113所示。

　　　图5-112　绘制矩形　　　　　　　　图5-113　绘制两个矩形

04 同时选中3个矩形，单击属性面板上的"减去"按钮，如图5-114所示。图形效果如图5-115所示。

　　　图5-114　减去操作　　　　　　　　图5-115　图形效果

05 使用"椭圆"工具在画板中绘制一个13.5px×13.5px的圆形，如图5-116所示。继续使用相同的方法绘制一个9.5px×9.5px的圆形，如图5-117所示。同时选中两个圆形，单击"减去"按钮，得到的效果如图5-118所示。

图5-116 绘制圆形

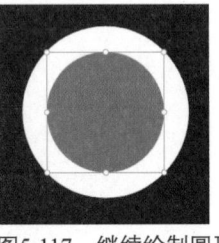

图5-117 继续绘制圆形

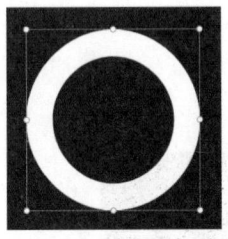

图5-118 减去后的效果

06 使用"矩形"工具绘制一个9px×2.2px的矩形，并旋转45°，得到的效果如图5-119所示。将环形和矩形同时选中，单击属性面板上的"添加"按钮，得到的效果如图5-120所示。

图5-119 绘制矩形

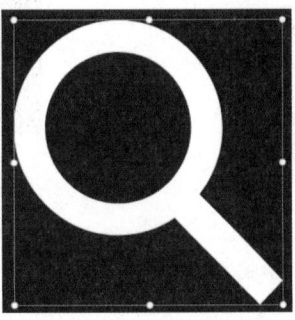

图5-120 执行"添加"操作后的效果

07 双击该图形，进入图形编辑模式。依次在矩形路径上单击添加多个锚点，拖动锚点得到的效果如图5-121所示。完成放大镜图标的绘制，如图5-122所示。

图5-121 添加锚点并调整路径形状

图5-122 放大镜图标效果

08 单击工具箱上的"文本"按钮，在画板中拖动创建一个文本框，如图5-123所示。在属性面板上设置文本属性，如图5-124所示。

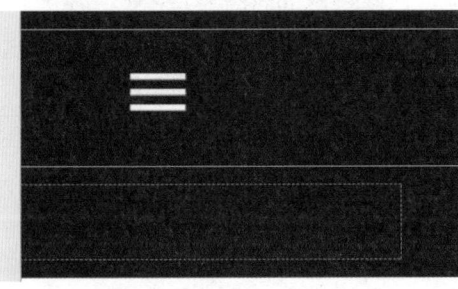

图5-123 创建文本框

图5-124 设置文本属性

09 在文本框中输入文本，如图5-125所示。选中文本将其文本样式添加到"资源"面板的"字符样式"中，如图5-126所示。

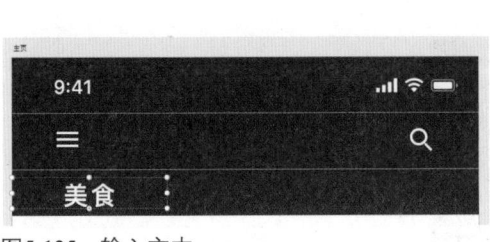

图5-125 输入文本　　　　　　　　　　　图5-126 添加到"资源"面板

10 拖动复制文本框并修改文本内容，得到的导航效果如图5-127所示。继续使用"文本"工具和"矩形"工具，完成效果如图5-128所示。

图5-127 完成导航文本制作　　　　　　　图5-128 完成标题文本制作

11 使用"矩形"工具在画板中绘制一个340px×282px的矩形，并在属性面板上设置其圆角半径值为5，设置各项参数如图5-129所示。勾选"阴影"复选框，设置各项参数如图5-130所示。

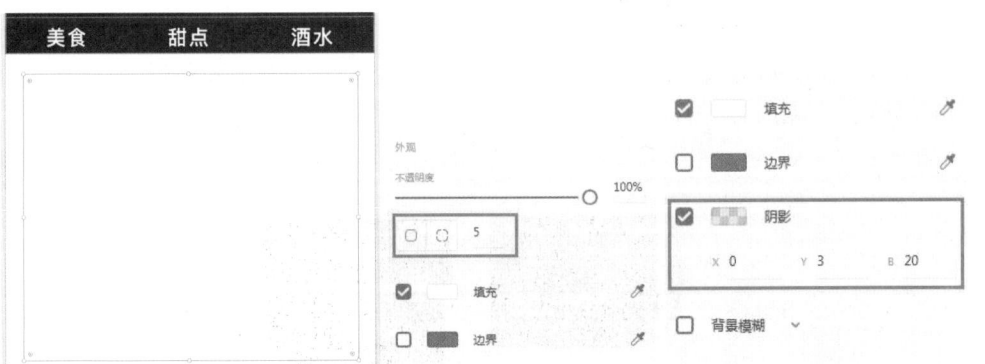

图5-129 绘制圆角矩形　　　　　　　　　　图5-130 设置各项参数

12 使用"矩形"工具在画板上绘制一个340px×204px的矩形，并设置其圆角半径值为5，如图5-131所示。将图片5202.jpg拖到Adobe XD中刚绘制的圆角矩形上，得到的效果如图5-132所示。

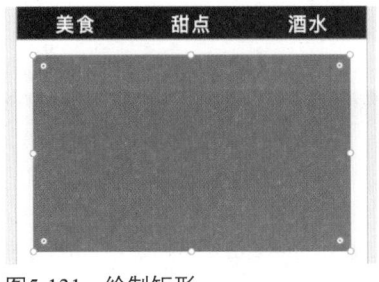

图5-131 绘制矩形　　　　　　　　　　　图5-132 拖入图片

13 使用"文本"工具输入文本，如图5-133所示。单击软件界面左上角的☰图标，在弹出的快捷菜单中执行"插件>发现插件"命令，在弹出的"所有插件"对话框中选择Polygons插件，单击"安装"按钮，如图5-134所示。

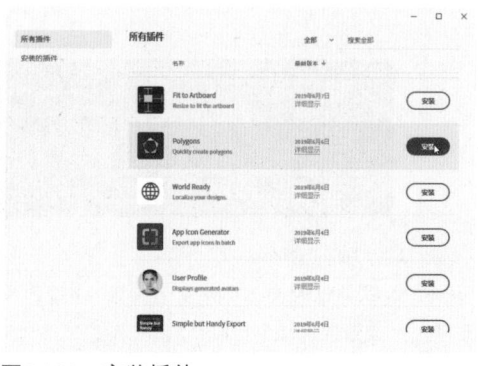

图5-133 输入文本　　　　　　　　　图5-134 安装插件

14 提示安装完成后，选中"主页"画板。再次单击软件界面左上角的☰图标，在弹出的快捷菜单中选择"插件>Polygons>Star"选项，创建一个星形，如图5-135所示。修改其大小为13px×13px，"填充"颜色设置为#FFD85A，拖动复制4个星形，如图5-136所示。

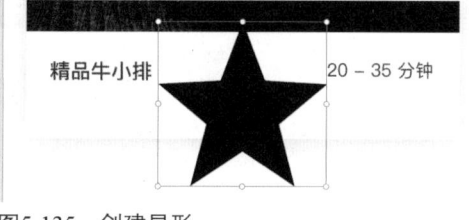

图5-135 创建星形　　　　　　　　　图5-136 复制并调整星形

15 使用相同的方法制作界面中其他相似内容，完成主页界面的制作，如图5-137所示。

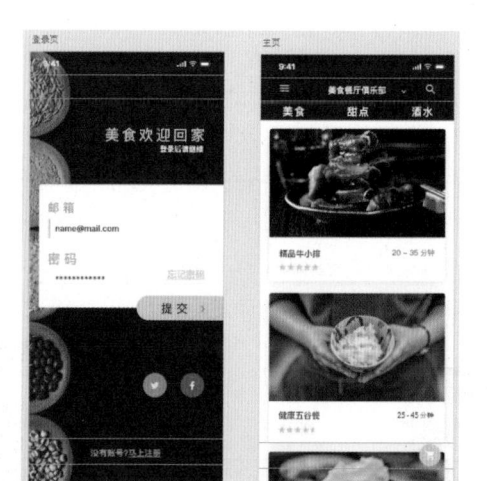

图5-137 完成主页界面的制作

5.2.4 外卖App界面输出分析

本案例采用了iPhone X的@1x尺寸进行设计制作。在Adobe XD输出时需要在"导出资源"对话框中选择正确的设计尺寸，以保证正确输出，如图5-138所示。

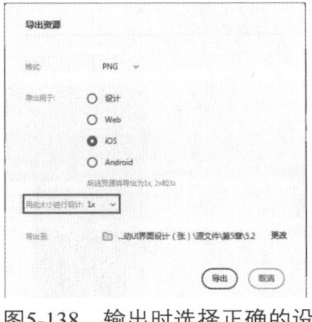

图5-138　输出时选择正确的设计尺寸

除了输出固定素材，界面中需要交互的内容也要单独输出，例如，按钮的一般状态和点击状态，需要分别输出为两张图片。

实战练习 07　外卖App界面适配

视　频：资源包\视频\第5章\5-2-4.mp4　　　　源文件：资源包\源文件\第5章\5.2\

● 案例分析

在使用Adobe XD导出时，用户可以首先为需要导出的元素添加导出标记，然后执行"导出>批处理"命令，即可将添加了导出标记的元素导出。还可以先选择想要导出的元素，然后执行"导出>所选内容"命令，直接将所选元素导出。如果用户想要导出画板，则可以通过执行"导出>所有画板"命令实现。本案例中的界面元素导出效果，如图5-139所示。

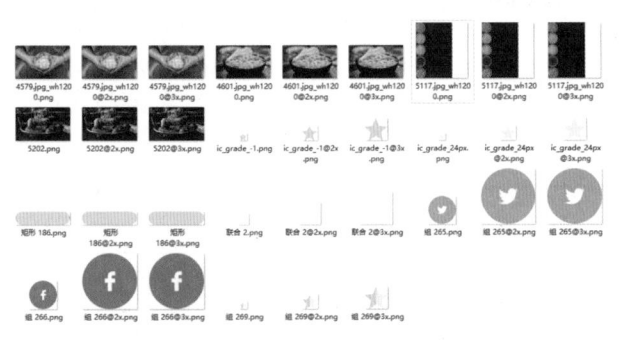

图5-139　导出不同倍率的界面元素

● 制作步骤

01 打开5-2-3-2.xd文件，如图5-140所示。检查需要一起导出的图形是否编组。选择需要导出的元素或组，选择界面右下角的"添加导出标记"选项，如图5-141所示。只有选择了"添加导出标记"选项，才能在后面的导出操作中正确输出。

图5-140　打开文件　　　　　图5-141　选择"添加导出标记"选项

02 单击软件界面左上角的 ☰ 图标，在弹出的快捷菜单中选择"导出>批处理"选项，如图5-142所示。在弹出的"导出资源"对话框中设置各项参数，如图5-143所示。

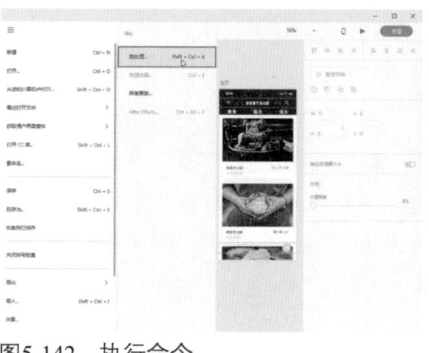 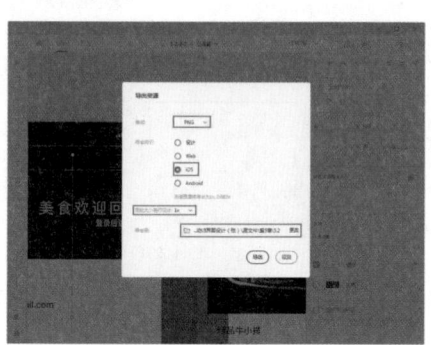

图5-142 执行命令   图5-143 设置导出参数

03 单击"导出"按钮，即可完成导出操作，导出3个尺寸的素材，如图5-144所示。界面中的一些元素具有交互的多种状态，例如星形图标，如图5-145所示。

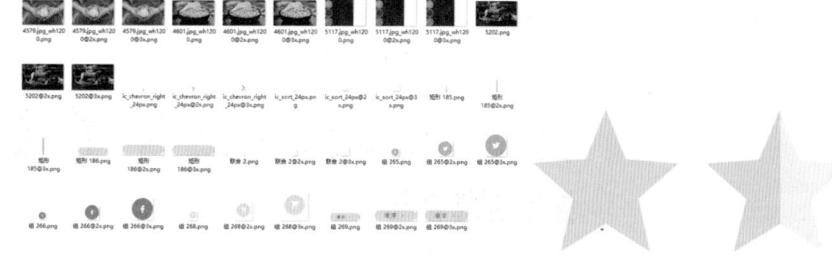

图5-144 导入适配素材   图5-145 交互的多种状态

04 具有不同交互效果的元素，要作为单独元素分别导出。分别选中3种星形，在弹出的快捷菜单中选择"导出>所选内容"选项，如图5-146所示。设置参数后即可将星形导出为3种不同的尺寸，如图5-147所示。

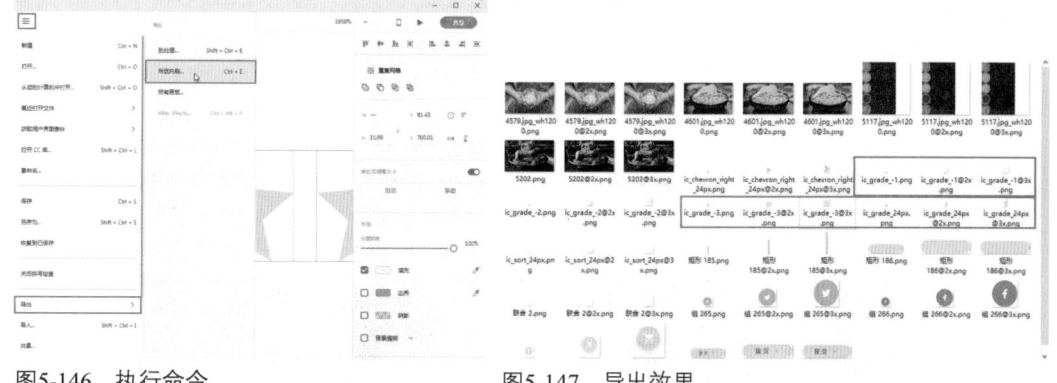

图5-146 执行命令   图5-147 导出效果

5.2.5 外卖App界面交互效果分析

Adobe XD除了可以用来制作App界面，还可以用来制作App产品的交互原型。通过预览原型可以帮助设计师更好地观察最终的设计效果，改善设计内容，提高用户体验的满意度。

虽然 Adobe XD 可以完成产品原型的制作，但是与专业的原型制作软件相比，其功能较为简单，仅仅体现在界面交互过程中，并不能完全制作出高仿真的 App 项目原型。

完成App产品原型制作后，用户可以选择"移动预览"和"桌面预览"两种方式预览项目。

● 移动预览

单击Adobe XD界面右上角的"移动预览"按钮，即可对App项目进行界面效果和交互效果的预览。

如果想在iOS系统设备上实时预览项目，则需要下载最新版本的iTunes并使用USB连接预览设备；如果想在Android系统设备上实时预览项目，则需要将文件另存为云文档并使用Adobe XD移动应用程序将其打开。

● 桌面预览

单击Adobe XD界面右上角的"桌面预览"按钮，即可对App项目进行界面效果和交互效果的预览。

实战练习 08　设计制作外卖App交互原型

视　频：资源包\视频\第5章\5-2-5.mp4　　　　源文件：资源包\源文件\第5章\5-2-5.xd

● 案例分析

在使用Adobe XD输出时，可以同时输出3种尺寸的素材。在输出前，用户需要选择使用哪种尺寸进行的设计，然后Adobe XD会自动调整输出尺寸，以便获得正确的适配素材。输出的3种尺寸素材如图5-148所示。

图5-148　输出的3种尺寸素材

● 制作步骤

01 打开5-2-3-2.xd文件，如图5-149所示。选中"主页"画板，向下拖动画板边界调整画板大小，直到所有内容都显示出来，如图5-150所示。

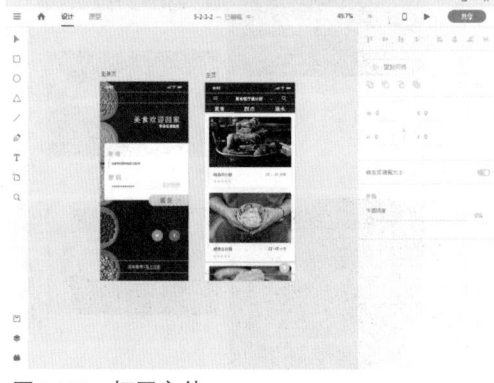

图5-149　打开文件

图5-150　调整"主页"画板尺寸

02 单击软件界面顶部的"原型",进入UI交互原型设计界面,如图5-151所示。选中"登录页"中的"提交"按钮,按下鼠标左键将按钮右侧的箭头拖到"主页"画板上,如图5-152所示。

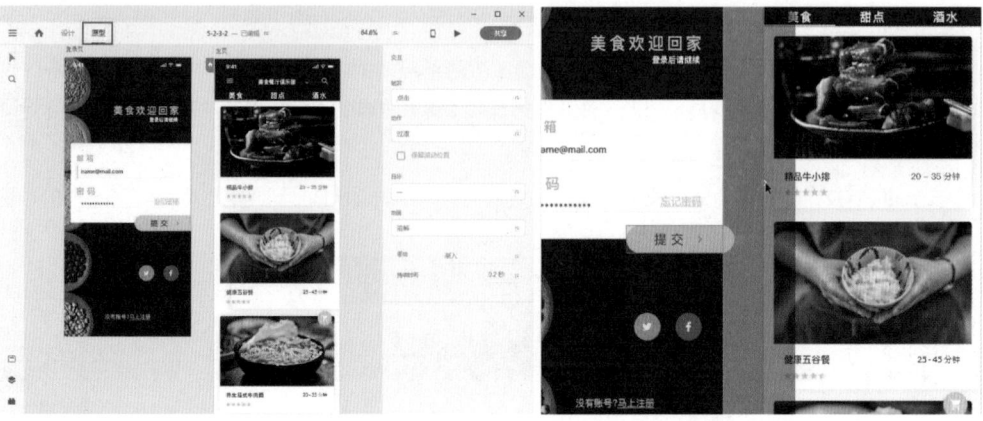

图5-151　进入"原型"界面　　　　　　图5-152　创建超链接交互

03 在右侧属性面板上设置交互效果,如图5-153所示。将"主页"顶部内容选中,并将其位置排列到顶层,如图5-154所示。

图5-153　设置交互效果　图5-154　选中顶部内容

04 选择属性面板上的"滚动时固定位置"选项,如图5-155所示。选择"登录"界面,单击软件界面右上角的"桌面预览"按钮,弹出桌面预览界面,如图5-156所示。单击"提交"按钮,自动跳转到"主页"界面,用户可通过滚动鼠标滑轮浏览界面。

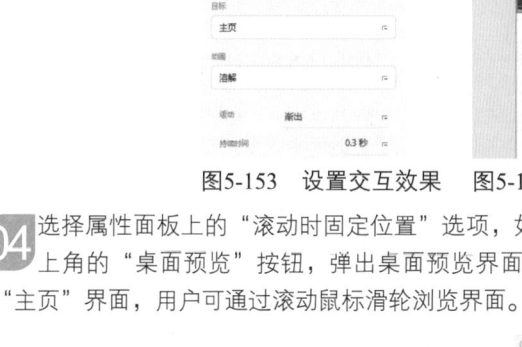

图5-155　设置滚动时固定位置　图5-156　预览界面

5.3 设计制作播放器App界面

通过前面两个案例的学习，读者基本能够掌握设计制作iOS系统App界面的流程。本案例将设计制作一个更为复杂的播放器App项目。从设计制作App界面图标开始，逐个完成两个不同界面的设计制作，设计制作完成后的播放器App图标和界面效果，如图5-157所示。

图5-157 完成的播放器App图标和界面效果

5.3.1 播放器App界面图标组

在一个App项目中，通常会使用一组具有相同风格的图标组。为了便于界面设计制作，通常会先完成图标组的设计制作。

本案例是设计制作一个播放器App界面，界面中的图标不多，大多都与音频的播放有关。需要设计制作的图标如表5-1所示。

表5-1 需要设计制作的图标

名称	尺寸	应用位置
主页	18px×14px	"艺术家"界面和"曲库"界面导航条
返回	10px×14px	"歌曲播放"界面导航条
音乐列表	18px×14px	"艺术家"界面和"歌曲播放"界面导航条
查找	18px×18px	"曲库"界面导航条
交叉播放	18px×18px	"歌曲播放"界面
循环播放	18px×18px	"歌曲播放"界面
前进	16px×16px	"歌曲播放"界面
	12px×12px	"曲库"界面
后退	16px×16px	"歌曲播放"界面
	12px×12px	"曲库"界面
播放	30px×40px	"歌曲播放"界面
	18px×24px	"曲库"界面
赞	20px×18px	"歌曲播放"界面

提示 制作播放器 App 界面图标组时要尽量遵守 iOS 系统中对图标尺寸和格式的要求。避免由于不符合规范给后期开发人员造成困难。关于 iOS 系统图标设计规范，请参考本书第 2 章相关内容。

实战练习 09 | **设计制作播放器App界面图标组**

视 频：资源包\视频\第5章\5-3-1.mp4　　　源文件：资源包\源文件\第5章\5-3-1.xd

● 案例分析

设计制作的界面图标，除了在形状上要尽可能表现其含义、尺寸符合要求，一个图标组中的所有图标都要具有相同的属性，例如，线条宽度、描边宽度、倾斜角度等。如果图标中有文字，则所有图标都应采用相同的字体。图标组效果如图5-158所示。

图5-158　图标组效果

提示 为了保证同一图标组中的图标在视觉上的大小基本一致，本案例中采用 20px×20px 的尺寸作为所有图标的制作参考。

● 制作步骤

01 启动Adobe XD软件，单击"自定义大小"图标，如图5-159所示。创建一个自定义大小的文档。在工具箱中选择"画板"工具，在界面中拖动创建一个画板，如图5-160所示。

 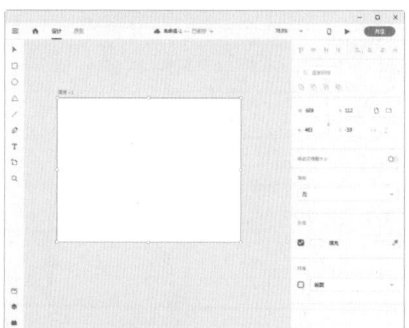

图5-159　打开软件　　　　　　　　图5-160　绘制画板

02 修改画板名称为"图标"。使用"矩形"工具绘制一个20px×2px的矩形，设置"填充"颜色为黑色，"边界"颜色为无，如图5-161所示。使用"多边形"工具绘制一个三角形，并旋转90°，如图5-162所示。

图5-161　绘制矩形　　　　图5-162　绘制三角形

03 同时选中矩形和三角形，单击属性面板上的"添加"按钮，得到的效果如图5-163所示，单击鼠标右键，在弹出的快捷菜单中单击"复制"命令，再次单击鼠标右键，在弹出的快捷菜单中单击"粘贴"命令，将复制的对象旋转90°，如图5-164所示。

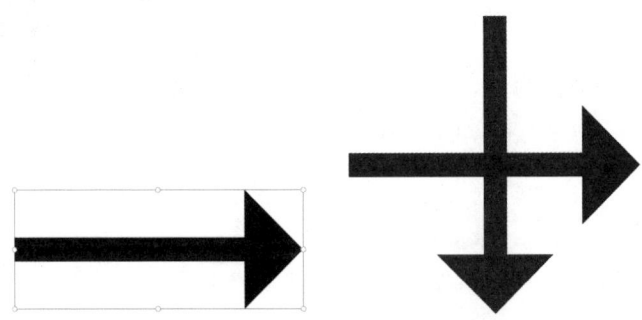

图5-163　添加图形　　　　图5-164　复制并旋转图形

04 使用"矩形"工具绘制一个矩形，如图5-165所示。选中箭头和矩形，单击属性面板上的"减去"按钮，得到的图形效果如图5-166所示。

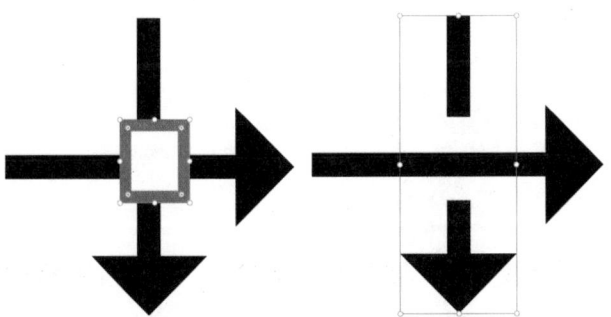

图5-165　绘制矩形　　　　图5-166　"减去"操作效果

05 使用"矩形"工具在画板中绘制一个20px×20px的矩形，设置其"填充"颜色为无，描边为"外部描边"，如图5-167所示。绘制矩形如图5-168所示。

图5-167　设置参数　　　　图5-168　绘制矩形

06 按下鼠标左键选中并拖动绘制的图形，将其旋转45°，如图5-169所示。将其移动到矩形框内，调整其大小比例和位置，如图5-170所示。

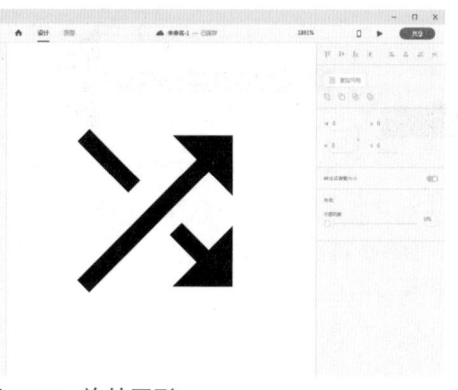

图5-169　旋转图形　　　　　　　　　　　图5-170　调整图形效果

07 接下来使用相同的方法，完成播放器界面中的其他图标的绘制。完成图标的绘制如图5-171所示。

图5-171　完成图标的绘制

5.3.2　设计制作播放器App界面

该播放器App中共包含3个界面，分别是"艺术家"界面、"歌曲播放"界面和"曲库"界面。"艺术家"界面用来介绍歌手的资料；"歌曲播放"界面用来播放歌曲；"曲库"界面用来展示不同类型的歌曲。完成的播放器App界面如图5-172所示。

图5-172　完成的播放器App界面

　由于 3 个界面为同一个 App 项目。在设计制作时尽可能保持 3 个界面的风格和形式一致，包括颜色、字体、字号和表现手法等。

实战练习 10 **设计制作播放器App界面**

视 频：资源包\视频\第5章\5-3-2.mp4　　　源文件：资源包\源文件\第5章\5-3-2.xd

● 案例分析

　　本案例将设计制作3个界面。由于播放器的特殊性，界面风格采用极简化设计，整体以突出播放对象为主，结构采用通栏和双栏排列，便于用户使用和查找。

　　使用白色作为播放器界面的主色，搭配黑色图标，给人简洁、大方的感受。这样的配色更能烘托色彩丰富的唱片封面。完成的3个播放器App界面效果如图5-173所示。

图5-173　完成的3个播放器App界面效果

● 制作步骤

01 使用"画板"工具，创建一个375px×812px的画板，修改画板名称为"艺术家"，如图5-174所示。参考5.2.1节的内容，创建布局辅助线并完成状态栏图标的制作，如图5-175所示。

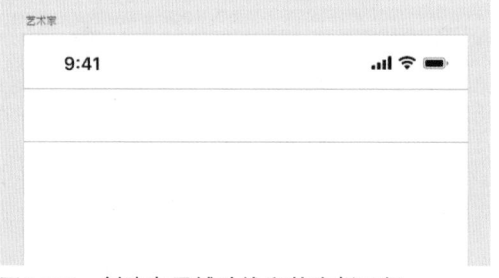

图5-174　新建画板　　　　　　　　　　图5-175　创建布局辅助线和状态栏图标

02 将"图标"画板中的两个图标复制到图5-176所示的位置。使用"文本"工具在画板中拖曳创建文本框，输入文本，如图5-177所示。

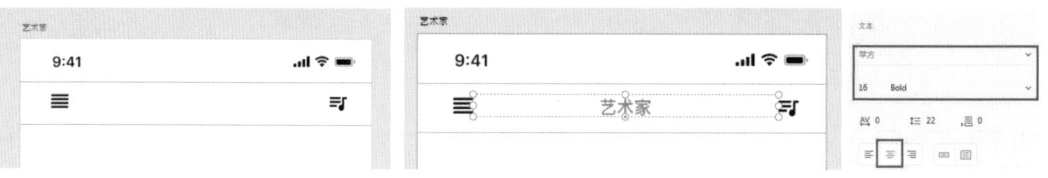

图5-176　复制导航栏图标　　　　　图5-177　创建文本框并输入文本

03 使用"矩形"工具绘制一个375px×425px的矩形，如图5-178所示。将素材5301.jpg拖到矩形上，如图5-179所示。

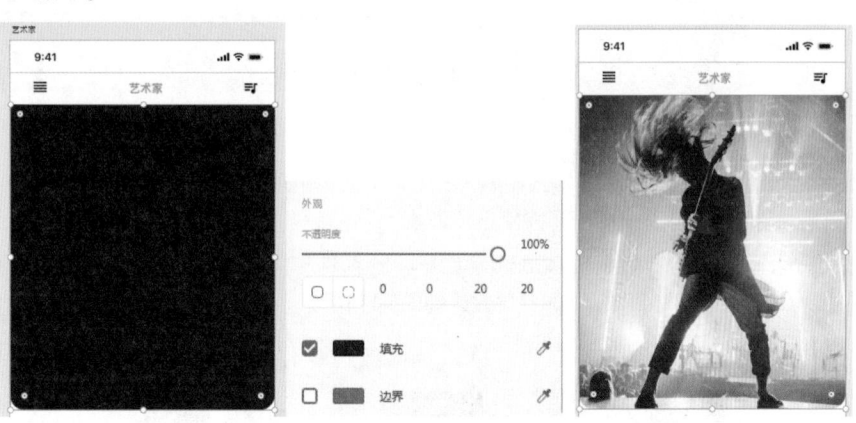

图5-178　绘制矩形　　　　　　　　　　　　　　　图5-179　导入图片

04 使用"矩形"工具绘制一个353px×570px的矩形，如图5-180所示。使用"文本"工具在界面中输入文本，如图5-181所示。

图5-180　绘制矩形　　　　　　　　　　图5-181　输入文本

05 使用"矩形"工具绘制一个95px×95px的矩形，将5302.jpg图片导入，如图5-182所示。使用"文本"工具输入文本内容，如图5-183所示。

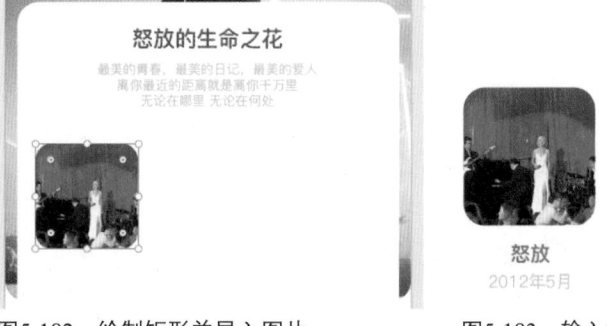

图5-182　绘制矩形并导入图片　　　　　　图5-183　输入文本内容

06 使用相同的方法，完成其他内容的制作，如图5-184所示。使用"直线"工具绘制直线，如图5-185所示。

图5-184　完成其他内容的制作　　　　图5-185　绘制直线

07 使用"文本"工具输入文本，如图5-186所示。使用相同的方法创建项目列表，如图5-187所示。

图5-186　输入文本　　　　　　　　　　　图5-187　创建项目列表

08 将项目列表对象全部选中，单击属性面板上的"重复网格"按钮，如图5-188所示。重复网格效果如图5-189所示。

图5-188　创建"重复网格"　　　　　　　图5-189　重复网格效果

09 向下拖动重复网格的控制点，创建重复网格，如图5-190所示。将光标移动到重复网格上的单个网格上，拖动可调整网格间距，如图5-191所示。

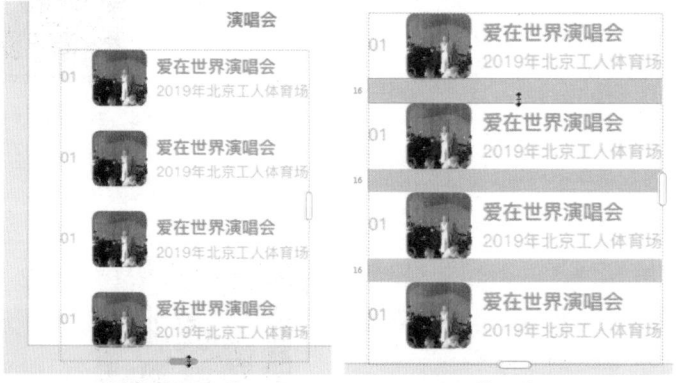

图5-190　创建重复网格　　　　　图5-191　调整网格间距

10 依次将图片素材拖入，如图5-192所示。双击重复网格修改文本内容，如图5-193所示。"艺术家"界面完成效果如图5-194所示。

图5-192　修改图片内容　　　图5-193　修改文本内容　　　图5-194　"艺术家"界面完成效果

11 按下Alt键的同时拖动复制"艺术家"界面，删除多余的内容后，修改画板的名称为"歌曲播放"，如图5-195所示。修改导航栏的图标和标题，如图5-196所示。

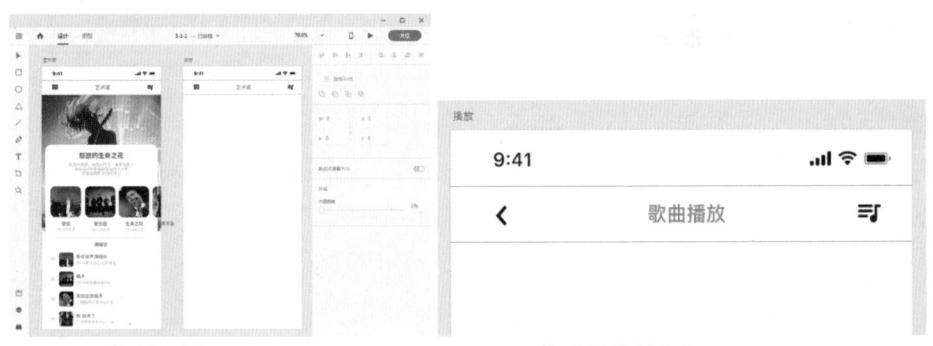

图5-195　复制画板　　　　　　　　　　图5-196　修改导航栏内容

12 使用"直线"工具在画板中绘制直线，如图5-197所示。使用"矩形"工具绘制220px×220px的矩形，并导入图片素材，如图5-198所示。

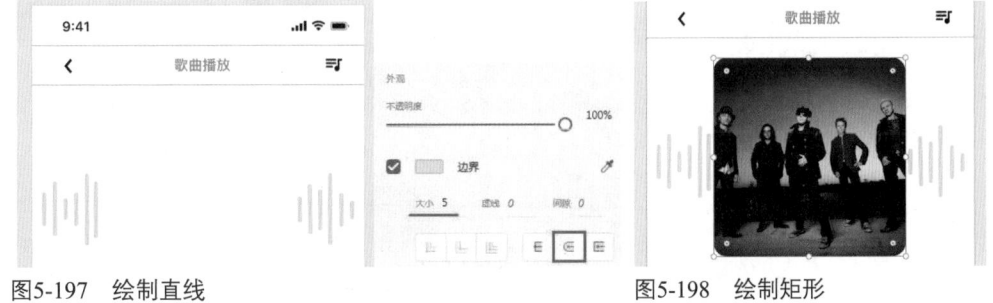

图5-197　绘制直线　　　　　　　　　　　　图5-198　绘制矩形

13 在属性面板上选择"阴影"复选框，设置各项参数，如图5-199所示。应用阴影效果如图5-200所示。

图5-199　设置阴影参数　　　图5-200　应用阴影效果

14 将"图标"画板中的图标复制到图5-201所示的位置。使用"直线"工具绘制直线，如图5-202所示。

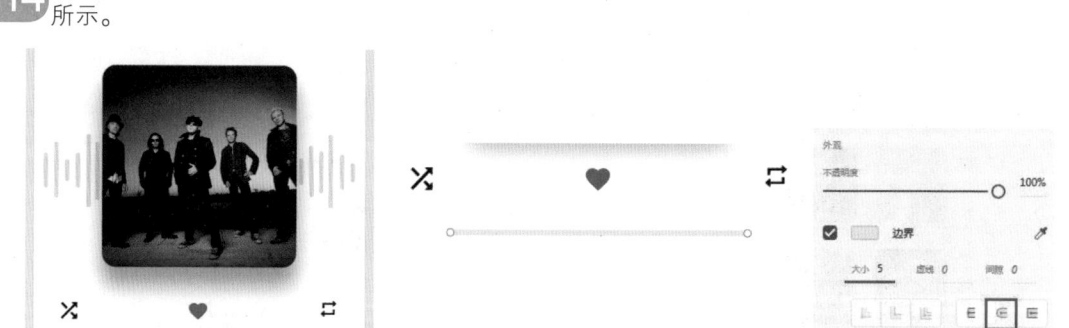

图5-201　复制图标　　　　　　　　　　　　图5-202　绘制直线

15 复制直线，修改其长度和颜色，如图5-203所示。使用"文本"工具在画板中输入文本内容，如图5-204所示。

图5-203　复制并修改直线　　　　　　　　　图5-204　输入文本内容

16 将"图标"画板中的图标复制到图5-205所示的位置。双击画板，在属性面板上修改其"填充"颜色为#F8F6F6，如图5-206所示。

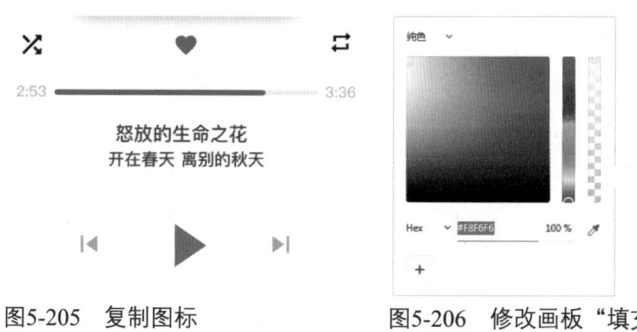

图5-205　复制图标　　　　　　　　　图5-206　修改画板"填充"颜色

17 使用"矩形"工具绘制一个353px×190px的矩形，如图5-207所示。将"艺术家"界面中的演唱会内容复制到"歌曲播放"界面底部，如图5-208所示。

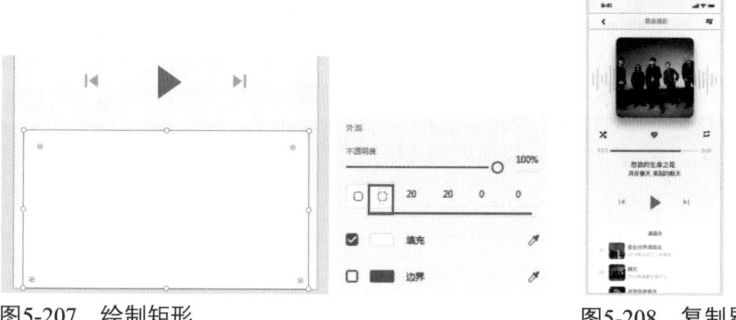

图5-207　绘制矩形　　　　　　　　　图5-208　复制界面内容

18 使用相同的方法，完成"曲库"界面的制作，如图5-209所示。播放器App项目完成界面如图5-210所示。

图5-209 "曲库"界面

图5-210 播放器App项目完成界面

5.3.3 输出适配播放器App界面

不同尺寸的设备显示App界面的效果也不相同。因此，为了确保界面在不同设备中能正确显示，在App界面设计完成后，除了要将界面中的对象导出，还要导出不同尺寸的设计稿，以方便开发人员开发程序时参考。导出的界面效果如图5-211所示。

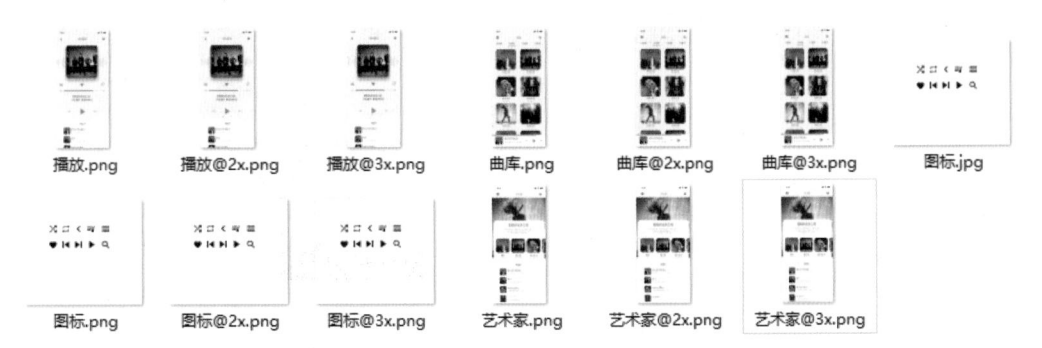

播放.png　　播放@2x.png　　播放@3x.png　　曲库.png　　曲库@2x.png　　曲库@3x.png　　图标.jpg

图标.png　　图标@2x.png　　图标@3x.png　　艺术家.png　　艺术家@2x.png　　艺术家@3x.png

图5-211 导出的界面效果

实战练习 11 **输出播放器App界面**

视　频：资源包\视频\第5章\5-3-3.mp4　　　　源文件：资源包\源文件\第5章\5-.3\

● 案例分析

使用Adobe XD可以快速将设计稿中的元素导出为单个文件，用于App产品的开发。本案例中应用导出"批处理"和"所有画板"功能，分别将播放器App界面的图片、图标和设计稿界面导出，满足App项目开发的需求，导出效果如图5-212所示。

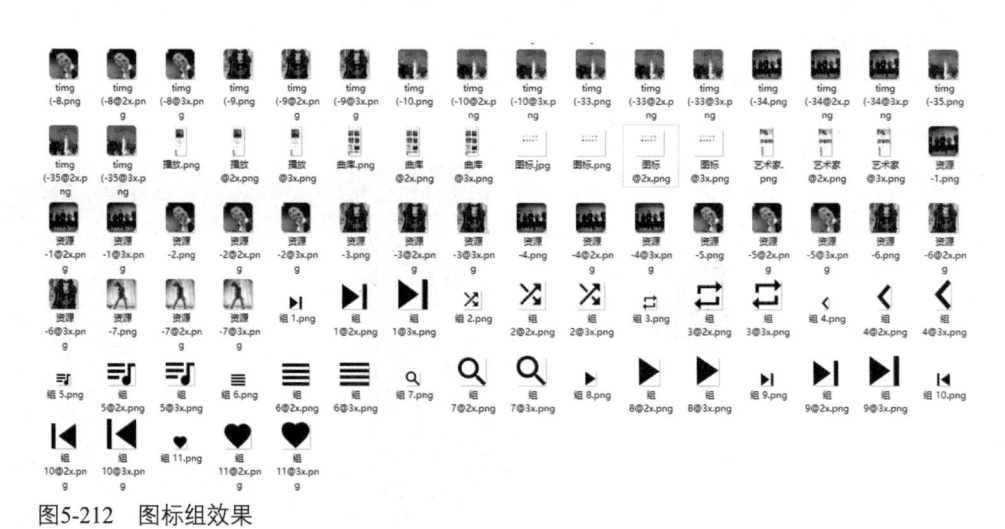

图5-212　图标组效果

● 制作步骤

01 单击软件界面左上角的三图标，在弹出的快捷菜单中选择"导出>所有画板"选项，如图5-213所示。在弹出的"导出资源"对话框中设置各项参数，如图5-214所示。

图5-213　导出画板　　　　　　　　　　　　　　　图5-214　设置各项参数

02 单击"导出所有画板"按钮，将所有画板导出为.png图像文件，用来作为开发人员的参考，如图5-215所示。

图5-215　导出为.png图像文件

03 逐一检查完成的界面，将需要导出的元素分别编组并添加导出标记，单击软件界面左上角的 ☰ 图标，在弹出的快捷菜单中选择"导出>批处理"选项，如图5-216所示。在弹出的"导出资源"对话框中设置各项参数，如图5-217所示。

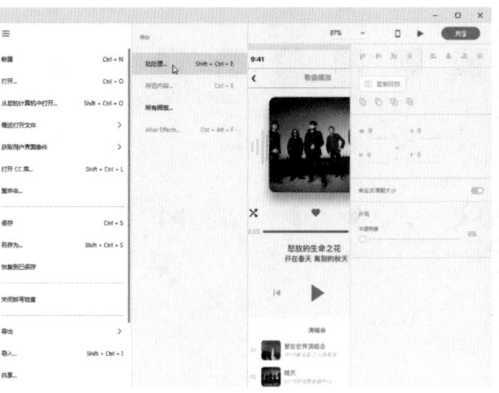 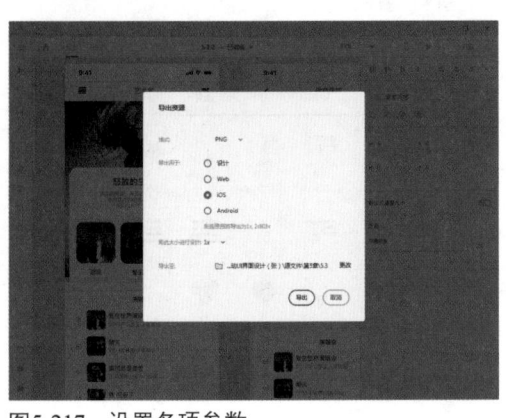

图5-216　执行导出命令　　　　　　　　　图5-217　设置各项参数

04 单击"导出"按钮，即可完成界面中不同对象的导出操作。导出对象效果如图5-218所示。

（导出文件图标缩略图略）

图5-218　导出对象效果

5.3.4　标注适配播放器App界面

为了便于开发人员的开发工作，除了为其提供所有设计素材，例如，图片、图标、背景图等，还会提供设计稿的标注文件，将设计稿中的数据标注出来，保证最终开发完成的界面与设计稿效果完全一致。

启动标注软件PxCook，PxCook软件界面如图5-219所示。单击软件界面右上角的"创建项目"按钮或执行"项目>新建项目"命令，弹出"创建项目"对话框，在该对话框中设置各项参数，如图5-220所示，单击"创建本地项目"按钮。

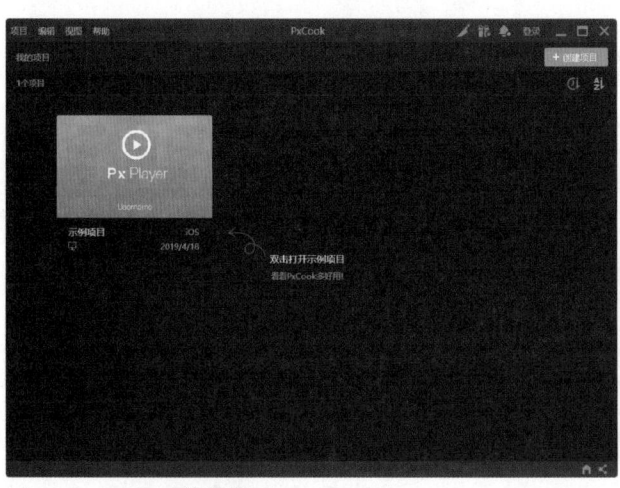

图5-219　PxCook软件界面　　　　　　　　　　　　　　图5-220　创建项目

　　单击Adobe XD软件界面左上角的☰图标，在弹出的快捷菜单中选择"导出>PxCook"选项，弹出"导入画板"对话框，如图5-221所示。单击"导入"按钮，导入效果如图5-222所示。

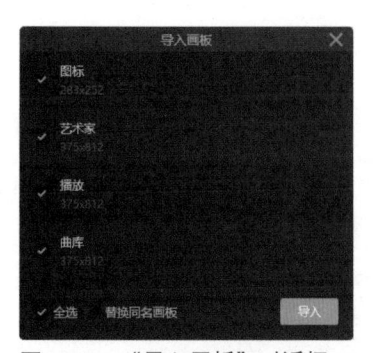

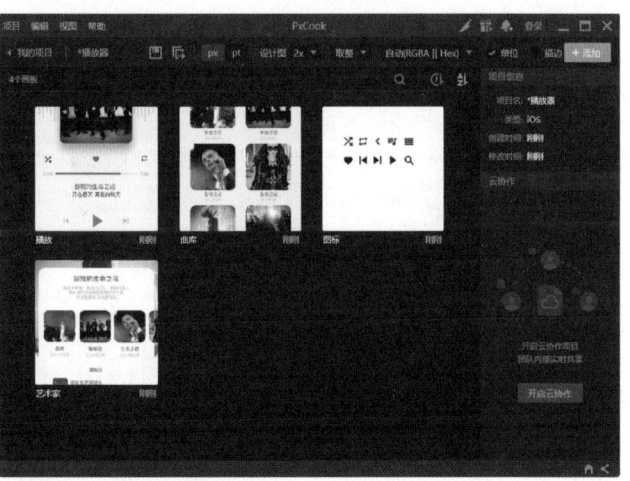

图5-221　"导入画板"对话框　　　图5-222　导入效果

提示　如果在Adobe XD的菜单下没有导入PxCook的选项，则需要安装对应的插件。启动PxCook软件后，进入Adobe XD对应的选项，根据提示安装插件即可。

　　在软件界面顶部的选项栏上设置标注的各项参数，如图5-223所示。

图5-223　设置标注参数

　　双击"艺术家"画板，打开"艺术家"界面，如图5-224所示。选择界面中的一张图片，单击左侧工具箱上的"生成尺寸标注"按钮，即可完成区域标注，如图5-225所示。

图5-224　打开"艺术家"界面

图5-225　标注区域

选择选项栏上的"对侧"复选框，可以更改标注显示位置，如图5-226所示。使用相同的方法为其他区域元素添加标注，同类元素只标注一个即可，如图5-227所示。

图5-226　修改标注位置　　　　　图5-227　标注同类元素

选择标题文字，单击左侧工具箱上的"生成文本样式标注"按钮，标注文本样式，如图5-228所示。拖动标注顶点将标注文字移动到图5-229所示的位置。

图5-228　标注文本样式

图5-229　移动标注位置

使用相同的方法为界面上的其他文本进行标注，如图5-230所示。单击工具箱中的"智能标注"按钮，从一个元素向另一个元素拖动，并标注间距，如图5-231所示。

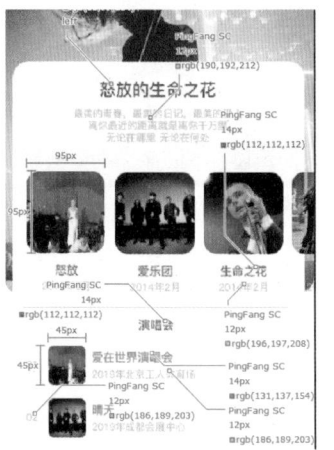

图5-230 标注文本效果 图5-231 标注间距

使用相同的方法将界面中的间距标注出来，完成效果如图5-232所示。单击选项栏上的"导出画板标注"按钮或执行"项目>导出标注>当前画板"命令，将标注完成的界面导出为图片，如图5-233所示。

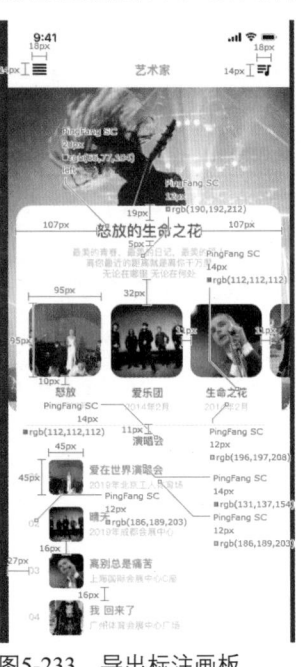

图5-232 标注间距效果 图5-233 导出标注画板

使用相同的方法将其他两个界面标注并导出，完成界面的标注操作。

提示

不同尺寸的界面标注尺寸会不同，因此通常对不同尺寸的界面进行标注。设计师可将导出的不同倍率图导入 PxCook 标注并导出。

5.4　本章小结

　　本章以iOS系统界面设计规范为基础，分别完成了旅游App、外卖App和播放器App的界面设计和制作。通过案例的制作，对iOS系统中的色彩搭配和界面布局有了进一步了解，帮助读者将第2章所学的内容应用到实际的App界面设计中，并从图标设计、字体设计、字号设计和间距设计等多个方面分析设计步骤和方法。

第6章　Android系统界面应用设计

本章将结合前面所学的内容，设计制作Android系统中的App界面。通过案例的制作，帮助读者更深层次地理解Android系统中的设计规范和要求。将本书第3章所学的内容充分应用到实际的App界面设计中，从界面布局、色彩搭配和切图输出等几个方面进行分析，帮助读者快速理解所学内容。

6.1　设计制作商城App界面

本案例将设计制作一款商城App界面。界面中所涉及的元素较多，为了便于读者学习理解，本章分别从界面布局、色彩搭配、界面元素和输出适配四个方面进行讲解。商城App界面及切图素材如图6-1所示。

图6-1　商城App界面及切图素材

6.1.1　商城App界面布局分析

Android系统的界面布局与iOS系统的一样，也包含了界面尺寸设置和界面组件布局两部分，下面逐一进行讲解。

● 确定界面尺寸

Android设备的发展速度远远快于iOS设备的发展速度，最新发布的三星Galaxy S21/S21+（2560px×1440px）和华为Mate 40（2376px×1080px）的屏幕分辨率都达到了XXHDPI，预计随后发布的产品都会超过这个尺寸。因此，本案例并没有采用720px×1280px的尺寸，而采用了1080px×1920px的尺寸进行设计。设计完成后再输出不同尺寸的素材，供开发人员使用。

● 分析界面组件

Android系统的基本组件与iOS系统的相同，同样包括状态栏、导航栏和标签栏。不同的设备，其组件的高度也不相同，本案例将采用1080px×1920px的尺寸进行设计，因此，状态栏高度为60px，导航栏高度为144px，标签栏高度为150px，如图6-2所示。

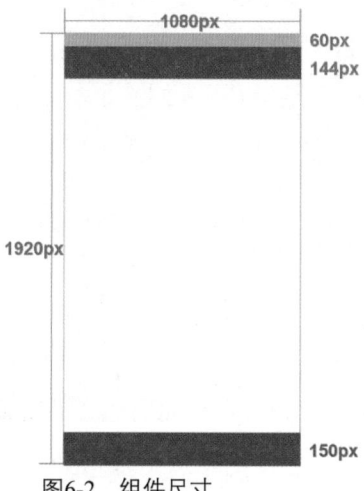

图6-2　组件尺寸

Android 系统界面对于组件的要求没有那么严格。本案例中并没有使用导航栏，而是将导航按钮放置在界面底部的"标签栏"上，这种布局方式更符合 Android 系统用户的操作习惯。

实战练习 01　**设计制作商城App界面布局**

视　频：资源包\视频\第6章\6-1-1.mp4　　　源文件：资源包\源文件\第6章\6-1-1.psd

● 案例分析

本案例将使用Photoshop CC完成商城App首页界面的布局制作。界面尺寸和组件尺寸都采用XXHDPI分辨率尺寸。将导航栏作为设计的整体部分，参与整个界面的布局，使得界面顶部与底部的比例更接近黄金比例，界面整体效果更符合大众的审美，商城App首页界面布局完成效果，如图6-3所示。

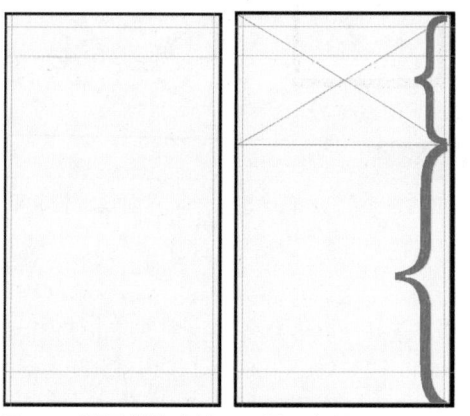

图6-3　设置制作商城App界面布局

● 制作步骤

启动Photoshop CC，执行"文件>新建"命令，在弹出的"新建文档"对话框中选择"移动设备"选项下的Android 1080p，如图6-4所示。单击"创建"按钮，新建一个Android项目，其工作界面如图6-5所示。

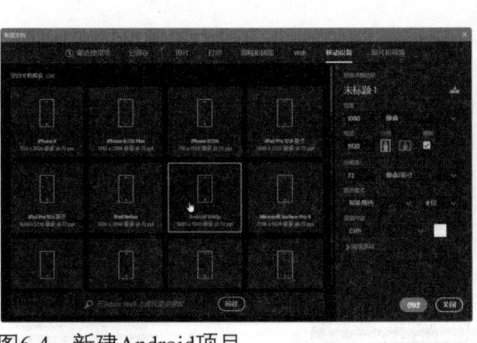

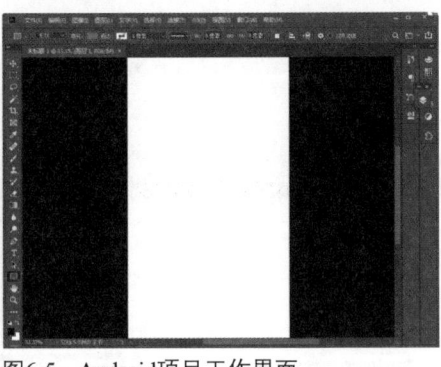

图6-4 新建Android项目　　　　　图6-5 Android项目工作界面

02 执行"图形>新建参考线"命令，在弹出的"新建参考线"对话框中设置各项参数，如图6-6所示。单击"确定"按钮，创建一条状态栏辅助线，如图6-7所示。

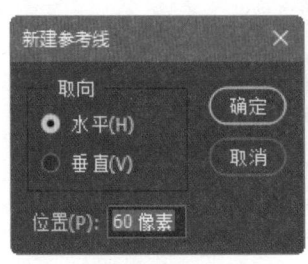

图6-6 新建参考线（1）　　　图6-7 状态栏辅助线

03 再次执行"图形>新建参考线"命令，在"新建参考线"对话框中设置各项参数，如图6-8所示。单击"确定"按钮，创建一条导航栏辅助线，如图6-9所示。

图6-8 新建参考线（2）　　图6-9 导航栏辅助线

04 使用相同的方法，创建距底部150px的标签栏辅助线，如图6-10所示。执行"视图>标尺"命令或按组合键Ctrl+R，显示标尺。将光标移动到左侧标尺上，按下鼠标左键向右拖动，根据提示创建距边距25px的边距辅助线，如图6-11所示。

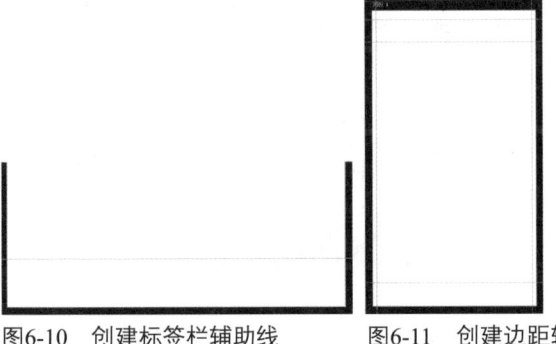

图6-10 创建标签栏辅助线　　　图6-11 创建边距辅助线

单击工具箱上的"图框工具"按钮，在画板上拖曳绘制出一个1080px×645px的图框，如图6-12所示。执行"文件>存储"命令，将文件保存为6-1-1.psd，完成界面基本布局的制作，如图6-13所示。

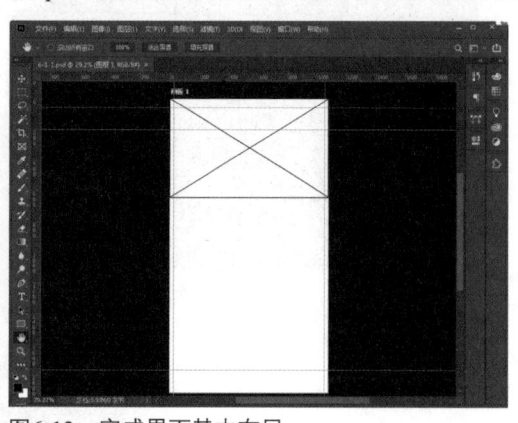

图6-12　绘制图框　　　　　　　　　　　　　　　图6-13　完成界面基本布局

6.1.2　商城App界面色彩搭配分析

一套符合App定位的配色，能够更好地将App的意图传递给用户。作为一个商城App项目，界面的色彩并不是固定的，通常会随着商城促销活动而发生变化。

● 确定主色

作为一个商城App，要向用户传达积极、热情、丰富和可信的感觉。因此可以选择一些色彩明度较高的颜色作为主色，例如，红色、黄色、橙色、绿色和青色，如图6-14所示。

图6-14　符合要求的颜色

其中红色、黄色和橙色都能够传达热情的感觉，比较适合用在春节、店庆和大促的时候，如图6-15所示。绿色和青色代表青春和希望，比较适合用在端午节、开学季和春季促销的时候，如图6-16所示。

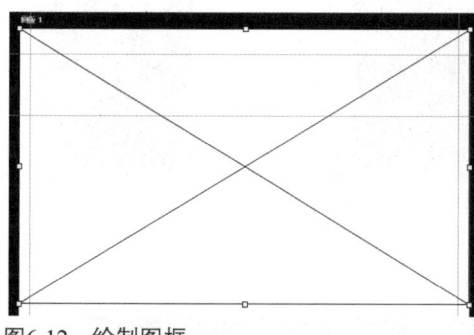

图6-15　红色为主色的界面　　图6-16　绿色为主色的界面

为了使用户对App印象深刻，本案例采用了红橙色作为界面主色，刺激用户视觉的同时也增加用户的购买欲望，图6-17所示为界面主色。

fe7d5d

图6-17　确定界面主色

● 选择辅色

确定主色后，接下来可以根据主色确定辅色。为了给用户留下一个整体的视觉体验，界面采用同色系搭配的方案，因此使用了黄色和洋红色作为辅色。对于局部需要突出的部分使用了黄色和洋红色的补色，即绿色和蓝色作为点缀色，如图6-18所示。

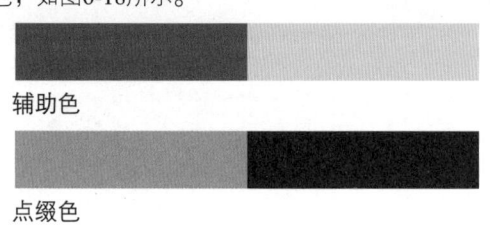

图6-18 确定界面辅助色和点缀色

由于互为补色的两个颜色对比强烈，为了获得更好的视觉效果，要适当减小补色的面积或纯度。这样既方便用户查找又能获得较好的视觉效果。

● 确定文本色

电子商务类App通常利用大量精美的图片吸引用户，其中文本内容一般较少。由于其界面中的图片很多，颜色本身就非常丰富，所以文本的颜色一般只使用黑色和白色。局部需要着重突出的内容，可以使用主色作为文本的颜色，图6-19所示为文本色和突出文本色。

图6-19 确定界面文本色

6.1.3 商城App界面元素分析

商城App拥有较多的信息模块，且每个模块都具有完整的体系或较深的层级，因此顶部采用宫格式布局方式，底部采用卡片式布局方式。

● 图标

界面顶部宫格布局图标尺寸设置为144px×144px，如图6-20所示。标签栏的图标尺寸设置为60px×60px，如图6-21所示。

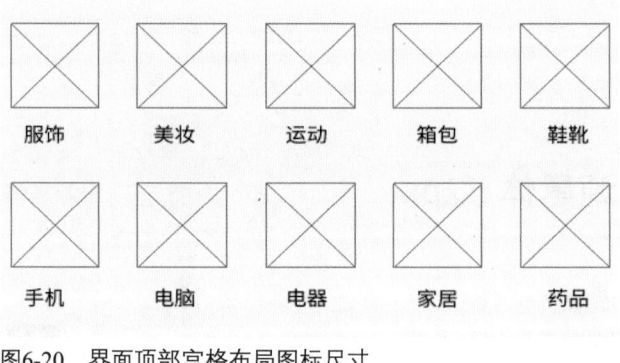

图6-20 界面顶部宫格布局图标尺寸

图6-21 标签栏的图标尺寸

界面中的图标采用了线性风格，如图6-22所示。线性网格图标既符合目前流行的设计风格又能很好地突出商品，有利于吸引用户浏览，产生转化率。

图6-22　线性风格图标

● 图片

该界面中产品图片较少，作为图标的图片较多。除了要遵循Android系统中对图标尺寸的要求，还需要注意文字与图片的共性。要将说明图片的文字与图片的距离控制得当，避免太近造成界面的臃肿；太远又不能体现一致性。界面草图与图片和文字的结构如图6-23所示。

图6-23　界面草图与图片和文字的结构

● 文字

界面中文字内容较少，字体选择思源黑体，英文采用Roboto。按照标题的文字层级分别使用52px、40px和34px的字号。界面中文字的字体和字号如图6-24所示。

图6-24　界面中文字的字体和字号

实战练习
02

设计制作商城App首页界面

视 频：资源包\视频\第6章\6-1-3.mp4　　源文件：资源包\源文件\第6章\6-1-3.psd

● 案例分析

　　本案例将使用Photoshop CC完成商城App首页界面设计制作。在界面设计过程中除了要保证界面的美观，还要注意设计规范和标准符合Android系统的要求。界面元素的间距最好都为8的倍数，完成的界面效果如图6-25所示。

图6-25　设计制作商城App首页界面

● 制作步骤

01 打开6-1-1.psd文件，将素材图片"6101.jpg"拖入图框，如图6-26所示。"图层"面板效果如图6-27所示。

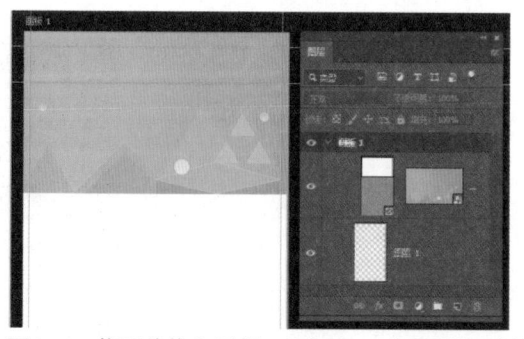

图6-26　将图片拖入图框　　图6-27　"图层"面板效果

02 使用"横排文字工具"在画板上拖曳创建一个文本框，如图6-28所示。修改文本内容和对齐方式如图6-29所示。

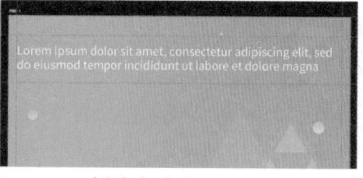

图6-28　创建文本框　　　图6-29　修改文本内容和对齐方式

03 继续使用"横排文字工具"在画板中输入文本内容，如图6-30所示。使用"图框工具"再绘制一个 48px×48px的图框，效果如图6-31所示。

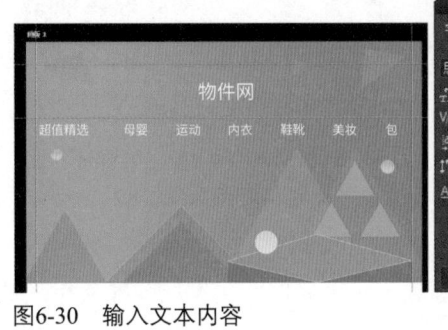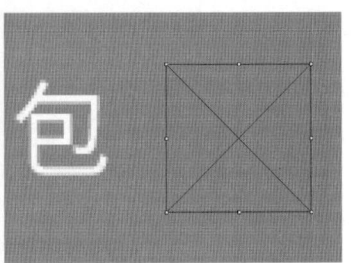

图6-30　输入文本内容　　　　　　　　　　　　　　　　　图6-31　绘制图框

04 将素材图片"6102.png"拖入图框，调整大小位置，如图6-32所示。使用"横排文字工具"在画板中 输入广告语，如图6-33所示。

图6-32　拖入素材图　　　　　图6-33　输入广告语

05 继续使用"横排文字工具"输入副标题文本，如图6-34所示。使用"圆角矩形工具"绘制圆角矩形并 输入文本内容，完成抢购按钮的制作，如图6-35所示。

图6-34　输入副标题文本

图6-35　抢购按钮

06 在"图层"面板中新建一个名称为"头部"的图层组，将完成的图层拖入该图层组，如图6-36所示。使用"图框工具"在画板上绘制一个144px×144px的图框，效果如图6-37所示。

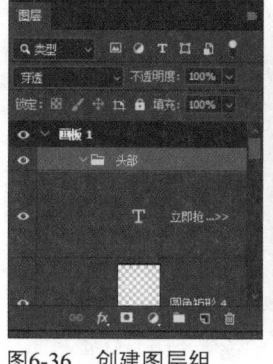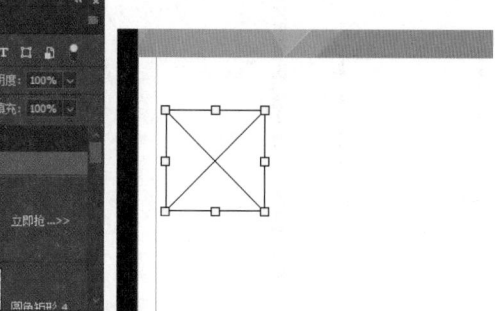

图6-36　创建图层组　　　　图6-37　绘制图框

07 按下Alt键复制并排列图框，如图6-38所示。使用"横排文字工具"输入文本内容，如图6-39所示。

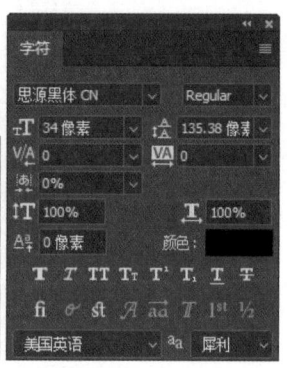

图6-38　复制并排列图框

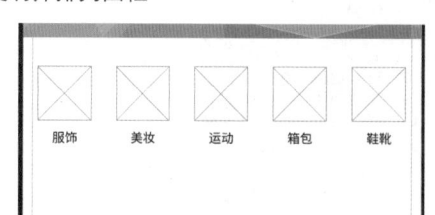

图6-39　输入文本内容

08 使用"移动工具"拖动选中图框和文字，按下Alt键的同时向下拖动复制对象，如图6-40所示。修改文本内容如图6-41所示。

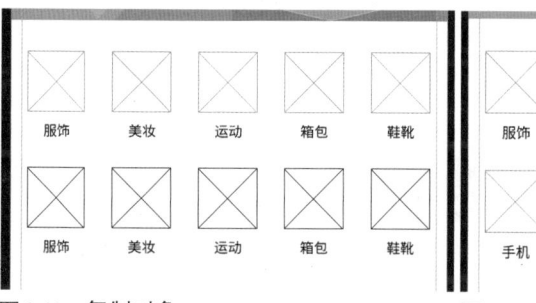

图6-40　复制对象　　　　　　图6-41　修改文本内容

09 将素材图片"6103.png"拖入图框，调整其大小位置，如图6-42所示。使用相同的方法，依次将素材图片拖入图框，完成效果如图6-43所示。

图6-42　拖入素材　　图6-43　拖入其他素材

10 将素材图片"6113.png"拖入画板，调整到图6-44所示的位置。按下Alt键将图片复制到每个按钮上，如图6-45所示。

图6-44　导入素材图片　图6-45　复制素材图片

11 使用"横排文字工具"在画板中输入文本内容，如图6-46所示。继续输入对应的英文，如图6-47所示。

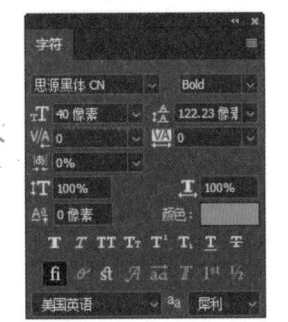
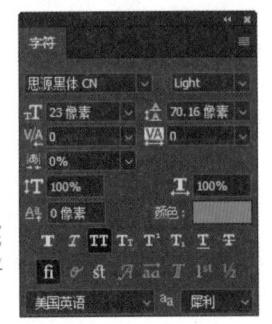

图6-46　输入文本内容　　　　　　　　　图6-47　输入英文

12 使用"矩形工具"在画板中绘制矩形，如图6-48所示。使用"圆角矩形工具"在画板中绘制一个1038px×257px的圆角矩形，如图6-49所示。

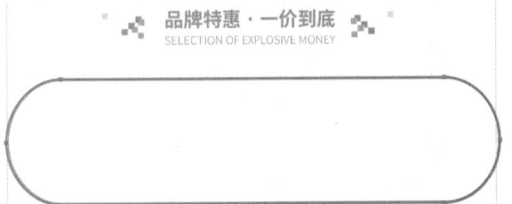

图6-48　绘制矩形　　　　　　　　　　图6-49　绘制圆角矩形

13 设置圆角矩形的"填充"颜色为无，"描边"宽度为4px，颜色从# fe5e4f到# ff9668的线性渐变，如图6-50所示。继续绘制一个1002px×223px的圆角矩形，如图6-51所示。

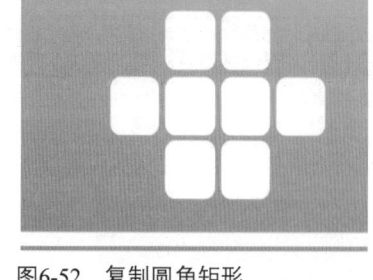

图6-50　绘制圆角矩形

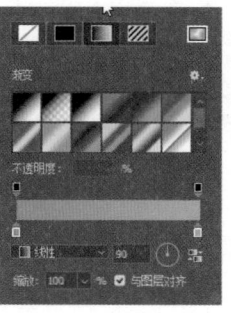

图6-51　绘制圆角矩形

14 使用"圆角矩形工具"在画板中绘制圆角矩形，并在按下Alt键的同时使用"路径选择工具"拖动复制，得到图6-52所示的效果。修改图层的"不透明度"为20%，并选择形状角度，移动到图6-53所示的位置。

图6-52　复制圆角矩形　　　　图6-53　旋转移动形状位置

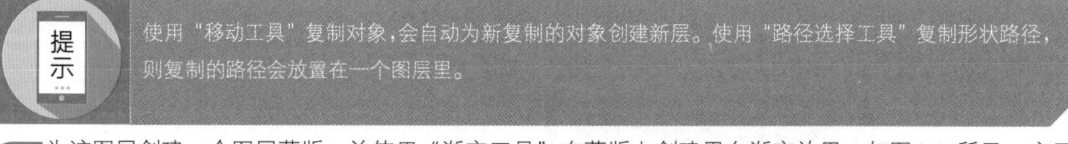

提示　使用"移动工具"复制对象，会自动为新复制的对象创建新层。使用"路径选择工具"复制形状路径，则复制的路径会放置在一个图层里。

15 为该图层创建一个图层蒙版，并使用"渐变工具"在蒙版上创建黑白渐变效果，如图6-54所示。应用蒙版效果如图6-55所示。

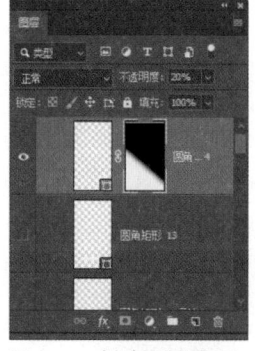

图6-54　创建图层蒙版　　　图6-55　应用蒙版效果

16 在按下Alt键的同时，使用"移动工具"复制图形到图6-56所示的位置。使用"圆角矩形工具"绘制圆角矩形，并使用"横排文字工具"输入文本内容，如图6-57所示。

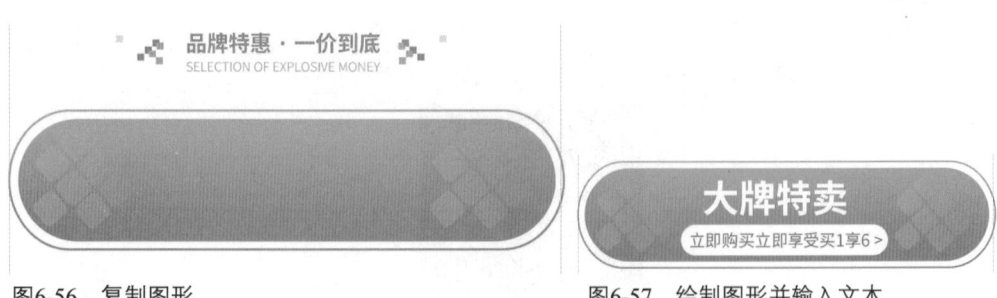

图6-56　复制图形　　　　　　　　　　　　图6-57　绘制图形并输入文本

17 继续使用相同的方法完成图6-58所示的文字和形状效果。将光标移动到顶部标尺上，按下鼠标左键向下拖动，创建辅助线，如图6-59所示。

图6-58　继续输入文本并绘制图形　　　　　　图6-59　创建辅助线

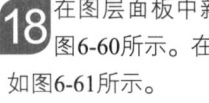 该辅助线能够帮助设计师将设备的第 1 屏显示位置标示出来，以便于设计师和开发人员了解界面的分布情况。

18 在图层面板中新建一个名称为"底部"的图层组，将相关图层移动到该图层组，"图层"面板如图6-60所示。在工具箱中选择"画板工具"，在画板上单击并向下拖动底部控制点，扩大画板面积，如图6-61所示。

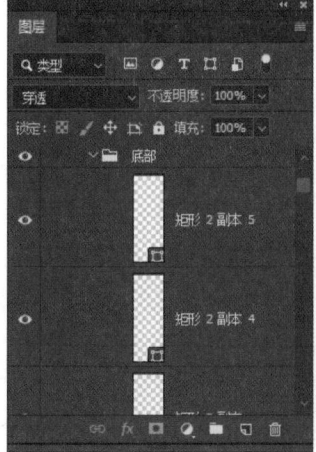 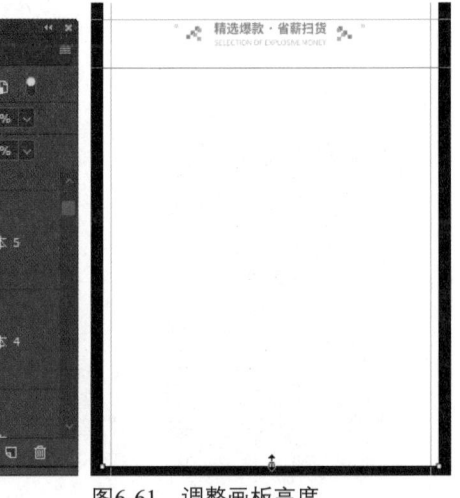

图6-60　新建图层组　　　　　　图6-61　调整画板高度

19 使用"图框工具"绘制两个504px×296px的图框，如图6-62所示。分别将素材图片"6114.png"和"6115.png"拖入图框，并调整其大小位置，如图6-63所示。

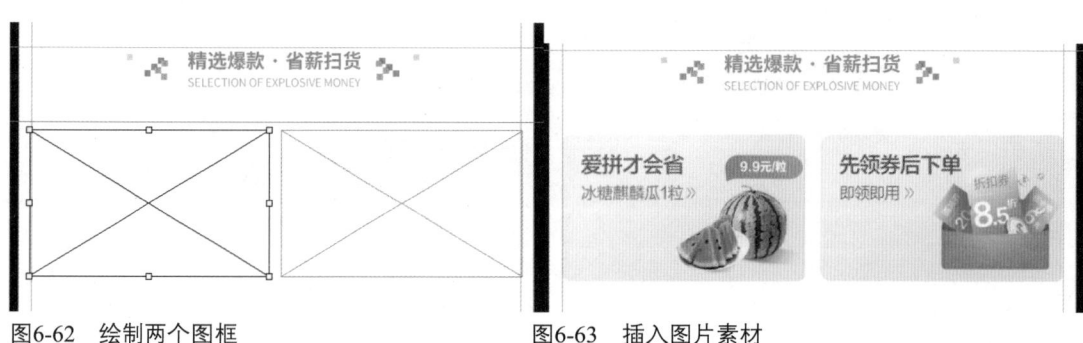

图6-62　绘制两个图框　　　　　　　　　　图6-63　插入图片素材

20 新建一个名为"新用户"的图层组。使用"圆角矩形工具"在画板中绘制一个1031px×480px的圆角矩形，如图6-64所示。使用"横排文字工具"输入文本内容，如图6-65所示。

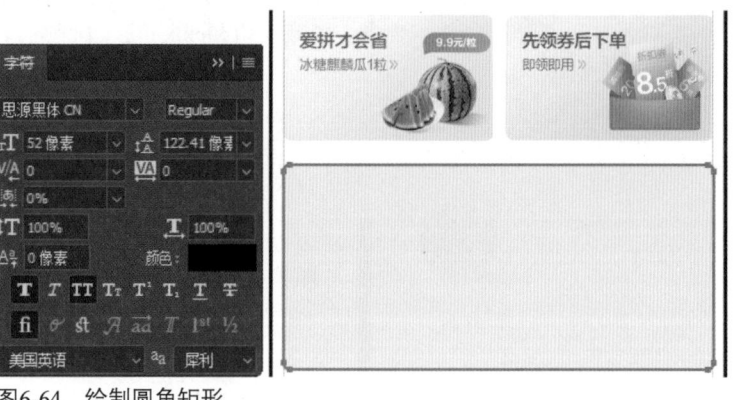

图6-64　绘制圆角矩形

图6-65　输入文本内容

21 继续使用"圆角矩形工具"绘制两个圆角矩形，如图6-66所示。使用"圆角矩形工具"和"横排文字工具"完成按钮的制作，如图6-67所示。

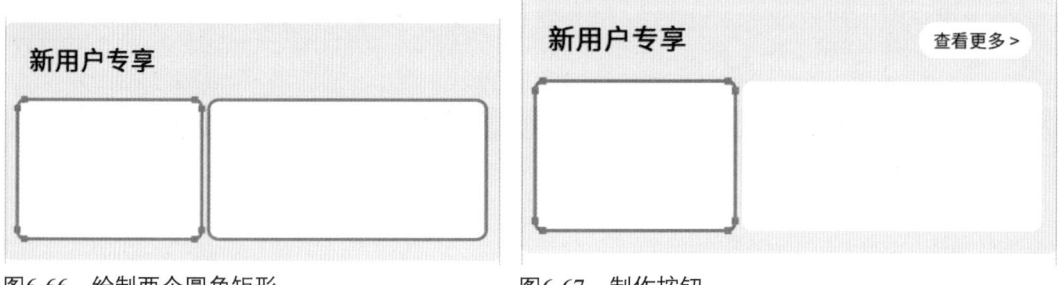

图6-66　绘制两个圆角矩形　　　　　　　　图6-67　制作按钮

22 使用"横排文字工具"在画板中输入文本内容，如图6-68所示。将素材图片"6116.png"拖入画板，调整其大小和位置，如图6-69所示。

图6-68　输入文本内容　　　　　　　　　　　　　　图6-69　插入素材图片

23 使用相同的方法完成"新锐买手榜"模块的制作，如图6-70所示。在"图层"面板上新建一个名称为"标签栏"的图层组。使用"矩形工具"绘制一个1080px×150px的矩形，如图6-71所示。

图6-70　绘制"新锐买手榜"模块　　　　　　　　　图6-71　绘制矩形

24 为图形添加"描边"图层样式，设置各项参数，如图6-72所示。继续为图形添加"投影"图层样式，设置各项参数，如图6-73所示。

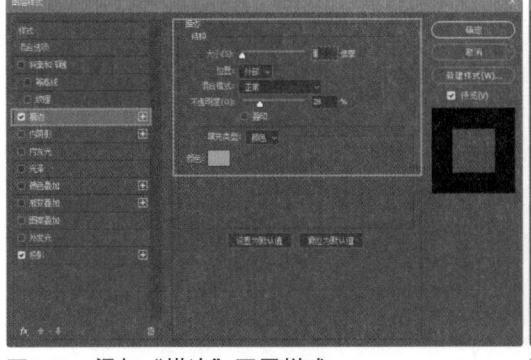

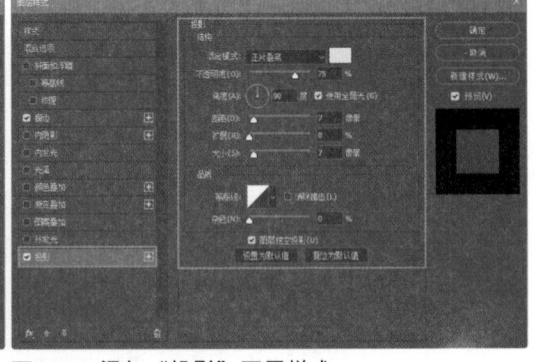

图6-72　添加"描边"图层样式　　　　　　　　　　图6-73　添加"投影"图层样式

25 使用"图框工具"和"横排文字工具"完成标签栏图标和文字的制作，如图6-74所示。将外部素材图片分别拖入图框，如图6-75所示。

图6-74 绘制图框输入文字

图6-75 导入图片素材

26 执行"文件>存储为"命令，将文件保存为6-1-2.psd文件，完成商城App首页的设计。商城App首页最终效果如图6-76所示。

图6-76 商城App首页最终效果

6.1.4 商城App界面输出分析

在Photoshop中可以通过执行"文件>导出>导出为"命令，如图6-77所示。将画板单独导出为不同倍率的图片，以供开发人员参考使用。

图6-77 导出为图片

如果希望在Photoshop中快速导出开发人员需要的图片素材，则相对来说比较麻烦。我们可以使用Photoshop的一个插件——Cutterman快速完成图片元素的输出。

下载并安装Cutterman后，可以在"窗口>扩展功能"命令下找到启动Cutterman的命令，如图6-78所示。Cutterman启动后将以面板的形式显示，如图6-79所示。

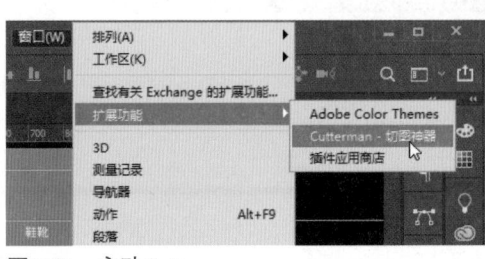
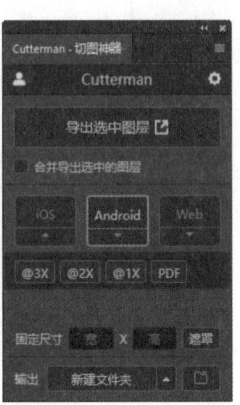

图6-78　启动Cutterman　　　　　图6-79　Cutterman面板

> **提示**
>
> 在输出 Android 系统的 App 界面元素时，需要根据 App 的特征选择 MDPI、HDPI、XHDPI、XXHDPI 和 XXXHDPI 这 5 种尺寸的素材进行选择输出。

实战练习 03

商城App界面适配

视　频：资源包\视频\第6章\6-1-4.mp4　　　源文件：资源包\源文件\第6章\6-1-4.psd

● 案例分析

本案例为商城App界面适配，其目标用户基本覆盖了所有年龄段。同时，该App对设备的硬件要求也不是很高，能够适配Android系统的所有移动设备。因此本案例需要导出5种分辨率的素材供开发人员使用。输出的5种分辨率素材如图6-80所示。

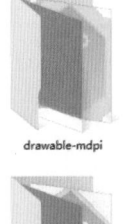
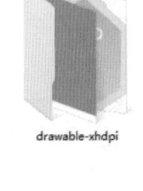
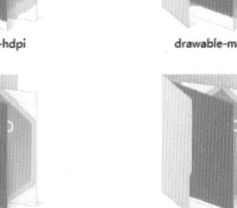

图6-80　导出的5种分辨率素材

● 制作步骤

01 打开6-1-3.psd文件，如图6-81所示。在"图层"面板将"头部"图层组中的导航文字图层和按钮图层隐藏，界面效果如图6-82所示。

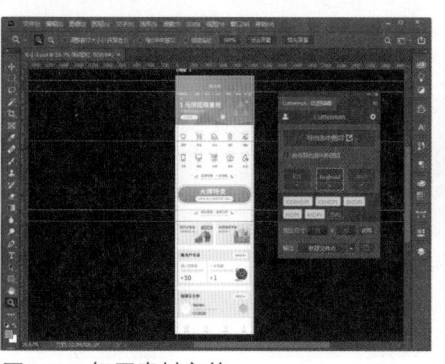
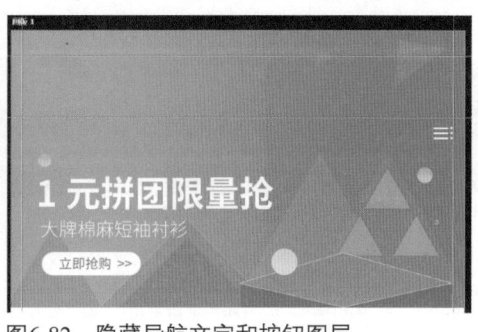

图6-81　打开素材文件　　　　　　　图6-82　隐藏导航文字和按钮图层

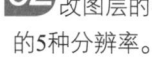选中"头部"图层组的其余图层，执行"图层>合并图层"命令，将其余图层合并为一个图层，并修改图层的名称为top_bg，如图6-83所示。在Cutterman面板中单击Android下方的按钮，激活图6-84所示的5种分辨率。

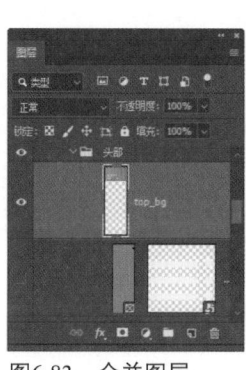

图6-83　合并图层　　　图6-84　选择导出的分辨率种类

单击"输出"右侧的文件夹图标，设置导出文件夹位置，如图6-85所示。单击"导出选中图层"按钮，稍等片刻，即可完成导出操作，在设置的目标文件夹中可以找到导出的5种分辨率的素材，如图6-86所示。

图6-85　设置导出位置　　　图6-86　导出的5种分辨率素材

用户可以根据自己项目需要适配的机型决定导出素材的分辨率数量，并不一定要将5种分辨率全部导出。

04 将top_bg图层隐藏，选中按钮图层，将图层名称修改为list_top，如图6-87所示。单击Cutterman图层中的"导出选中图层"按钮，将按钮也导出5种不同分辨率的素材，效果如图6-88所示。

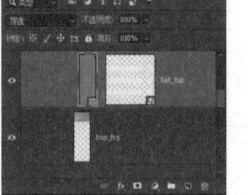   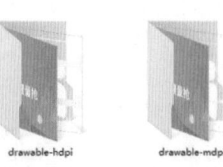  

图6-87　修改图层名称　　图6-88　将按钮导出5种分辨率的素材

05 修改"分类"图层下的各图层的名称，"图层"面板如图6-89所示。按下Ctrl键的同时将所有分类图标图层选中，单击Cutterman面板中的"导出选中图层"按钮，将分类按钮导出，XHDPI分辨率效果如图6-90所示。

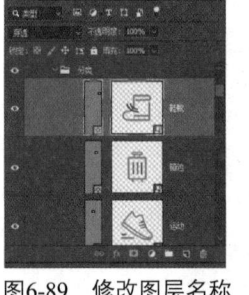

图6-89　修改图层名称　　图6-90　导出的XHDPI分辨率效果

06 在"图层"面板中将图6-91所示的除文字图层以外的所有图形图层选中。勾选Cutterman面板中"合并导出选中的图层"复选框，如图6-92所示。单击"导出选中图层"按钮，即可将所有选中的图层导出为一个文件的5种分辨率素材。

图6-91　选中所有背景图层　　　　　　　　　　　图6-92　勾选"合并导出选中的图层"复选框

提示　合并导出的素材并不能按照图层的名称导出，需要设计师单独修改导出的素材名称。一定要确保5种文件夹中的素材名称相同。

07 使用相同的方法，将商城App界面中的其他素材导出，最终导出效果如图6-93所示。

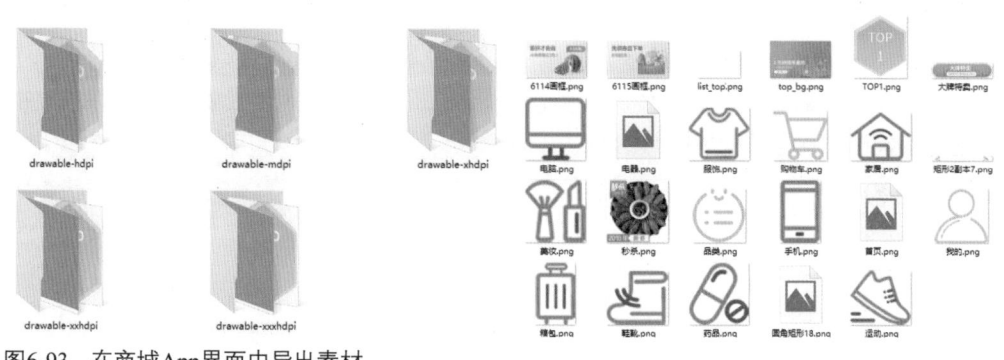

图6-93 在商城App界面中导出素材

6.2 设计制作社交App界面

本案例设计制作一款社交App的推荐界面、个人界面和信息界面。通过本案例帮助读者更深层次地了解设计制作社交类App界面的要求和规范。本案例对社交App界面的色彩搭配、界面布局、交互设计和输出适配都进行了详细介绍，使读者在熟悉Android系统设计规范的同时提高设计水平。社交App界面效果如图6-94所示。

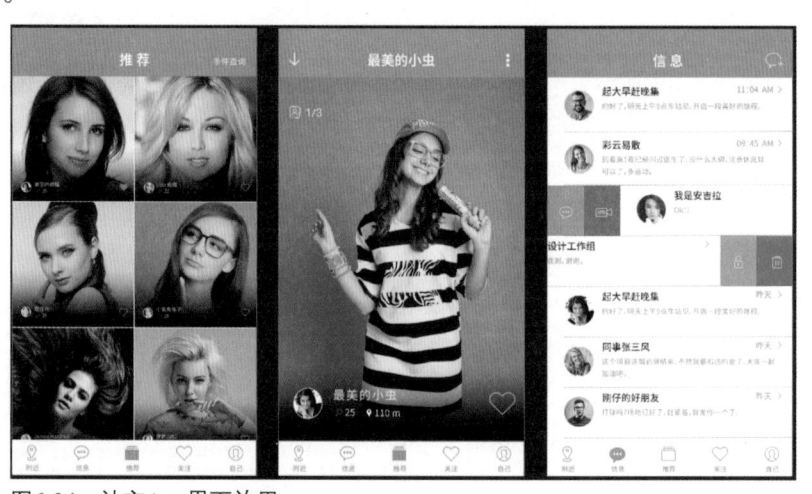

图6-94 社交App界面效果

6.2.1 社交App界面设计同质化分析

随着移动端发展的日益成熟，App界面风格同质化现象越来越严重。国内社交App的界面基本上都大同小异，同质化的产品只会让用户缺乏新鲜感，所以在开发社交App时，需要考虑新的方式，以更加富有创造力的策略来吸引用户的注意力，甚至要深入情感和感知。

对App的设计开发人员来说，同质化有利也有弊。下面对其进行简单分析。

● 界面风格一致，意味着有更好的可用性

绝大多数约定俗成的规则和流程都被用户不自觉地印刻在大脑中，成为一种自然的习惯。所有电商网站基本上都遵循着类似的交互逻辑和视觉元素，用户不会搞错购物车的图标，也不会错过任何环节。这些约定俗成的惯例，意味着用户不再需要重新学习在某个新的平台上购物。

● 趋同是否会扼杀创造力

趋同就是没有创新。对挑剔的用户来说，在App界面风格上是否还是选择趋同？趋同就等于和大家差不多。如果不是必需的App应用，时间久了，用户要么习惯，要么就卸载。目前，趋同是一个比较有益的选择，但是对创新来说可能是一个不好的选择。

● App开发设计不能只重视视觉

差异化的体验更有价值。App开发要明白用户的需求和意图，才能真正创造出用户体验好的产品。App开发设计的样式和风格很重要，它们也确实会影响体验，当人们感知有视觉吸引力的设计时，即使有一些混乱和无效，也是可以接受的。

随着界面设计的趋同化，设计师可以花费更少的时间来决定用什么色彩，而将更多的精力投入更深入的设计，比如更有效的布局，反思为什么要这样设计等。

● App界面应该让用户更加关注内容和结果

现在的手机用户对App的风格审美比较疲劳。这主要是因为大家没有了新鲜感后，如果花时间再去了解一款新开发的App界面，并且在不同App间来回切换，会感觉非常厌倦。所以，如果App的开发界面都差不多，只是功能不同，那么长期使用是非常方便的。

实战练习 04　设计制作社交App"推荐"界面

视 频：资源包\视频\第6章\6-2-1.mp4　　源文件：资源包\源文件\第6章\6-2-1.psd

● 案例分析

本案例使用Photoshop CC完成社交App项目中"推荐"界面的设计与制作，由于本案例将被应用到Android系统中，因此界面设计尺寸采用十分流行的1080px×1920px，这样保证了界面效果在不同设备上都能清晰显示。

界面采用了粉红色作为主色，如图6-95所示，能够体现社交App的作用和目的。用户进入界面后，立即会被浪漫、温馨、甜美的感觉吸引。

f96c79

图6-95　粉红色作为主色

界面采用网格布局的方式，将用来吸引用户的头像照片尽可能大地展示出来，为了避免内容过多给用户造成选择困难，界面内容尽可能少，整体风格简洁大方，方便用户浏览查找。"推荐"界面效果如图6-96所示。

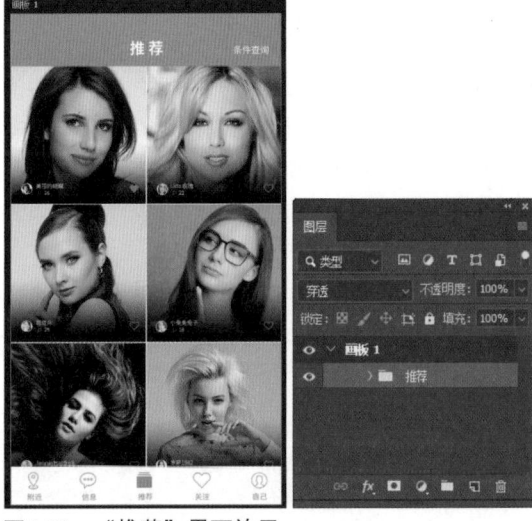

图6-96　"推荐"界面效果

● 制作步骤

 启动Photoshop CC，执行"文件>新建"命令，在弹出的"新建文档"对话框中选择"移动设备"下的Android 1080p选项，如图6-97所示。单击"创建"按钮，新建一个Android项目，工作界面如图6-98所示。

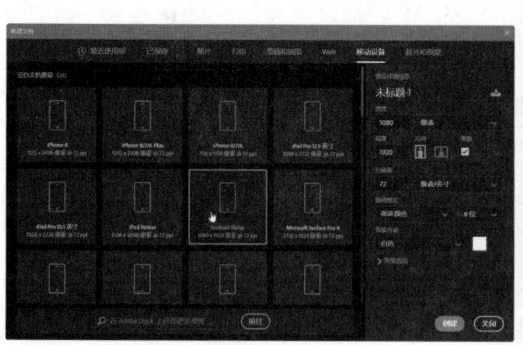 

图6-97　新建Android项目　　　　　　　　　　图6-98　Android项目工作界面

 使用与6.1.1节相同的方法创建界面的组件辅助线，如图6-99所示。单击工具箱上的"矩形工具"按钮，设置"填充"颜色为#da3c47，"描边"设置为"无"。创建一个1080px×204px的矩形，如图6-100所示。

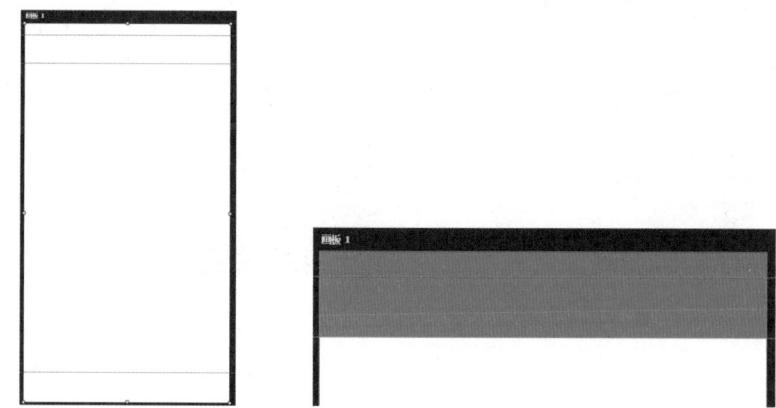

图6-99　创建状态栏辅助线　图6-100　创建矩形

03 单击"图层"面板上的"添加图层样式"按钮，为图形添加"渐变叠加"样式，设置各项参数，如图6-101所示。应用"渐变叠加"样式效果如图6-102所示。

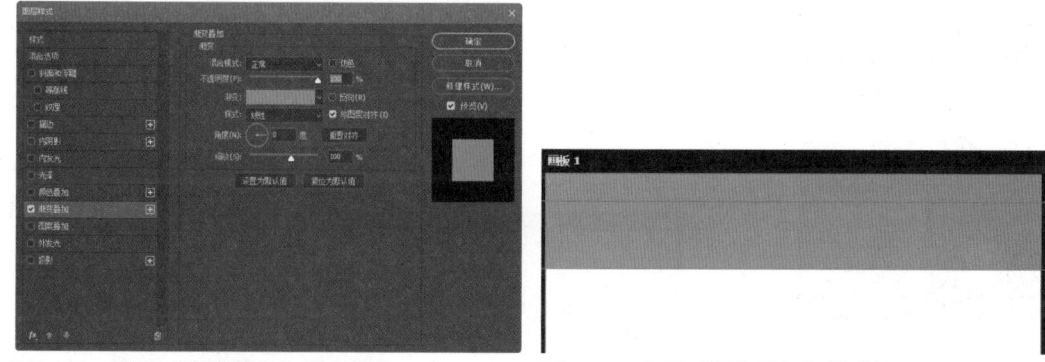

图6-101　设置"渐变叠加"样式参数　　　　图6-102　应用"渐变叠加"样式效果

04 使用"矩形工具"绘制一个538px×538px的矩形，如图6-103所示。按下Alt键的同时使用"路径选择工具"拖动复制多个矩形，如图6-104所示。

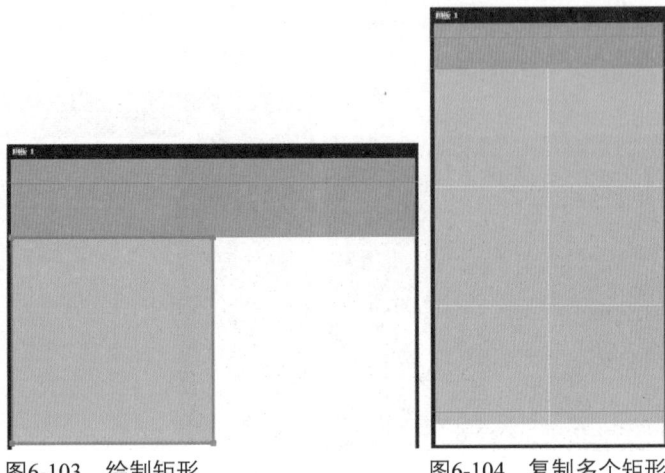

图6-103　绘制矩形　　　　　　图6-104　复制多个矩形

05 将素材图片"6201.jpg"拖入Photoshop CC软件，并调整图片的位置和大小，如图6-105所示。执行"图层>创建剪贴蒙版"命令，如图6-106所示。

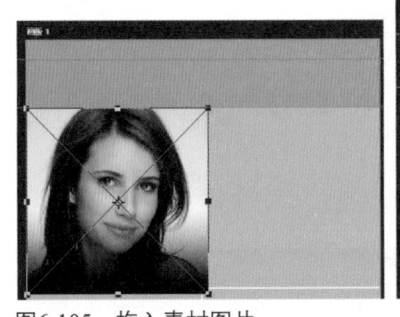

图6-105　拖入素材图片　　　　　　图6-106　创建剪贴蒙版效果

06 继续拖入图片并创建剪贴蒙版，如图6-107所示。单击"横排文字工具"按钮，在"字符"面板中设置各项参数后，输入文本，如图6-108所示。

图6-107　拖入图片并创建剪贴蒙版　图6-108　输入文本

07 继续使用"横排文字工具"输入文本，如图6-109所示。将素材图片"6208.png"拖入Photoshop CC软件，调整到图6-110所示的位置。

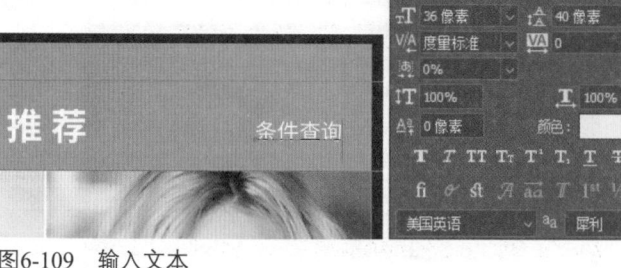

图6-109 输入文本 图6-110 导入素材图片

08 使用"横排文字工具"输入文本，如图6-111所示。将素材图片"6209.png"拖入Photoshop CC软件，调整到图6-112所示的位置。

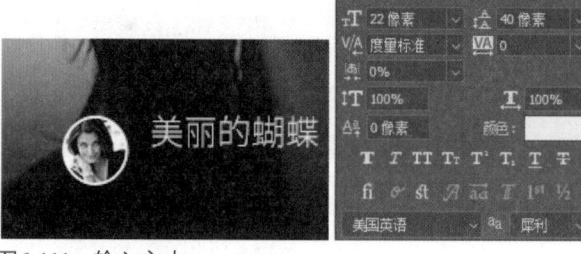

图6-111 输入文本 图6-112 导入图片素材

09 使用"横排文字工具"在画板中输入文本，如图6-113所示。使用"自定义形状工具"绘制一个图形，如图6-114所示。

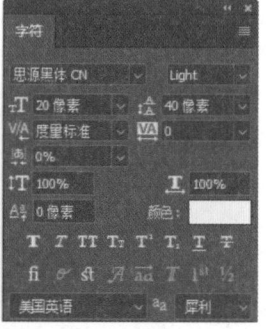

图6-113 输入文本

图6-114 绘制图形

10 使用相同的方法完成界面上其他内容的制作，如图6-115所示。使用"矩形工具"绘制一个 1080px×150px的矩形，如图6-116所示。

图6-115 完成其他内容的制作　图6-116 绘制矩形

11 将素材图片"6214.png"拖入Photoshop CC软件，调整到图6-117所示的位置。使用"横排文字工具" 输入文本，如图6-118所示。

图6-117 导入素材图片　　　图6-118 输入文本

12 继续采用相同的方法导入素材图片并输入文本，完成效果如图6-119所示。新建一个名称为"推荐" 的图层组，将所有图层拖入该图层组。执行"文件>保存"命令，将文件保存为6-2-1.psd文件，最终 效果如图6-120所示。

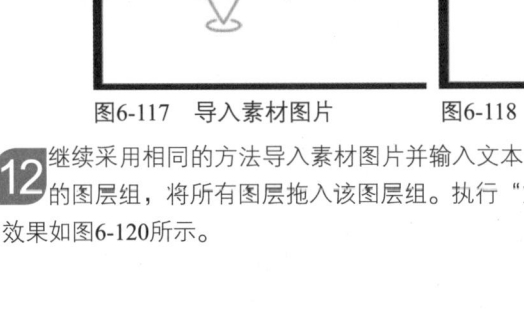

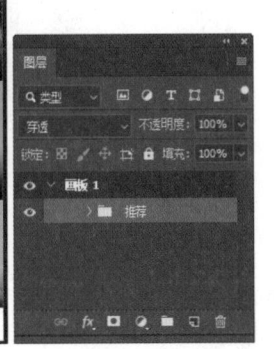

图6-119 完成相似内容的制作　　　图6-120 界面最终效果

6.2.2　社交App界面边距的设置分析

在设计App界面时，除了要符合系统规范，对App的边距也有一定的要求，特别是图文与屏幕边距。通常来说，在图片和屏幕边距之间保留一定像素边距可以更好地引导用户竖向向下阅读，如图6-121所示。本社交App界面中都设置了28px的边距，既能保证所有界面的风格一致，又能引导用户向下浏览，如图6-122所示。

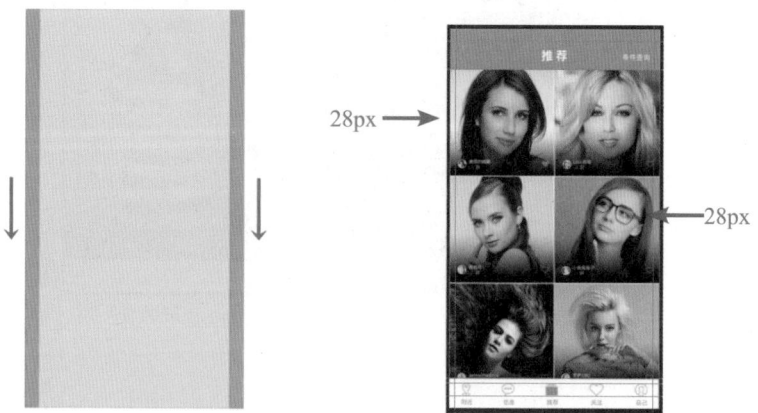

图6-121　边距引导用户竖向向下阅读　　图6-122　案例中的应用边距

当图片与屏幕边距为0的时候，用户更容易将注意力集中在每个图文内容本身，因为没有留白的引导，其视觉流线在向下浏览时，会被图片直接割裂，因而在图片上停留的时间更长。所以当图片不留边距时，用户的注意力聚焦在每个图文本身，而不是被留白引导向下翻阅，如图6-123所示。

图6-123　图片边距设置对比

间距也代表了对比和排列的分隔。所以，App 设计师一定要好好把握 App 间距与边距的设计要点。但具体的使用还需要根据实际的项目来定。

实战练习 05　设计制作社交App "自己" 界面

视　频：资源包\视频\第6章\6-2-2.mp4　　　源文件：资源包\源文件\第6章\6-2-2.psd

● 案例分析

本案例中的界面是用户在"推荐"界面中单击某一张图片后打开的界面，该界面用来展示用户自己的照片和资料。其界面布局采用了满图的方式，方便用户能以最优的视觉效果查看图片，界面效果如图6-124所示。

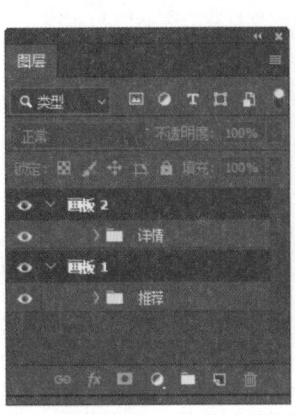

图6-124　"自己"界面的图层结构和显示效果

● 制作步骤

01 打开6-2-1.psd文件，单击画板名的位置，画板四周出现◈图标，如图6-125所示。单击右侧的◈图标，新建一个相同尺寸的画板，如图6-126所示。

图6-125　选中画板　　　图6-126　新建一个画板

02 将"画板1"的状态栏、导航栏和标签栏的内容复制到"画板2"中，如图6-127所示。修改标题，界面效果如图6-128所示。

图6-127　将内容复制到"画板2"　　　图6-128　修改标题

03 将素材图片"6219.png"和"6220.png"分别拖入Photoshop CC软件，调整到图6-129所示的位置。使用"图框工具"在画板中绘制一个1280px×1570px的图框，如图6-130所示。

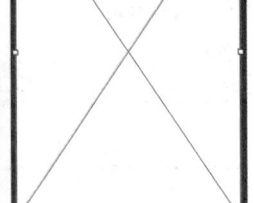

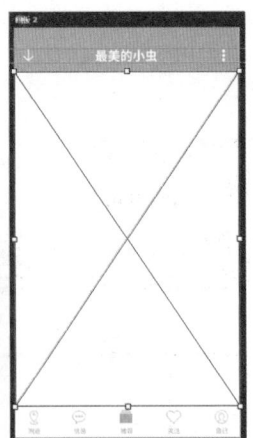

图6-129　拖入素材图片　　　　　　　图6-130　绘制图框

04 将素材图片"6221.png"拖入图框，按下组合键Ctrl+T调整图片大小，如图6-131所示。将素材图片"6222.png"拖入Photoshop CC，调整图片的大小和位置，如图6-132所示。

图6-131　将素材图片拖入图框　　图6-132　将素材图片拖入Photoshop CC

05 使用"横排文字工具"输入文本，如图6-133所示。使用"矩形工具"绘制一个1080px×320px的矩形，设置"填充"颜色为黑白渐变，如图6-134所示。

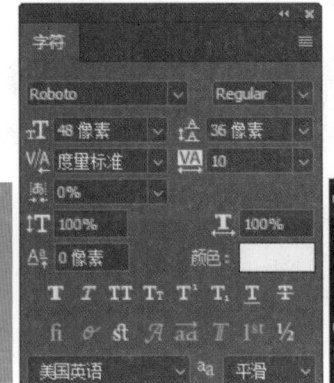

图6-133　输入文本　　　　　　　　　图6-134　设置填充颜色

将图层混合模式改为"正片叠底",如图6-135所示。将素材图片"6223.png"拖入Photoshop CC,调整图片的大小和位置,如图6-136所示。

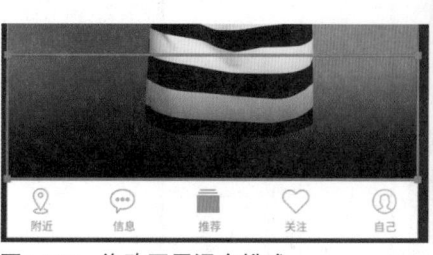

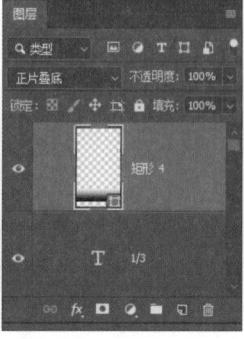

图6-135　修改图层混合模式　　　　　　　　　　　　　图6-136　导入图片

 使用"横排文字工具"在画板中输入文本,如图6-137所示。将素材图片"6224.png"和"6225.png"分别拖入Photoshop CC,调整到图6-138所示的位置。

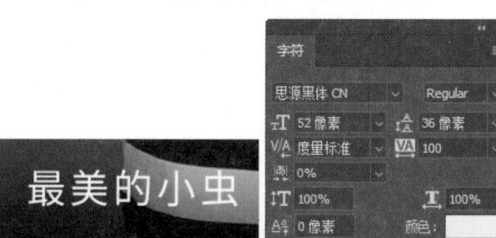

图6-137　输入文本　　　　　　　　　　　　　　　　　图6-138　导入图片

 继续使用"横排文字工具"在画板中输入文本,如图6-139所示。使用"自定义形状工具"绘制一个图6-140所示的图形。

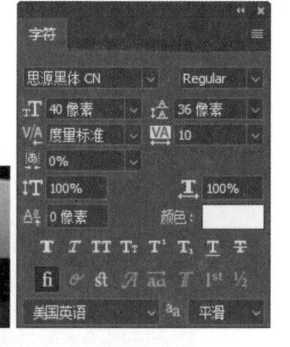

图6-139　继续输入文本

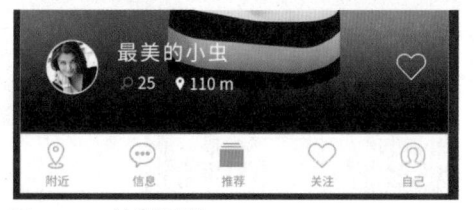

图6-140　绘制图形

新建一个名称为"详情"的图层组，将刚完成的图层拖入该图层组，如图6-141所示。执行"文件>保存"命令，将文件保存为6-2-2.psd文件，最终效果如图6-142所示。

图6-141　新建图层组　　图6-142　完成的界面效果

6.2.3 社交App界面交互设计分析

作为UI设计师，能够设计出符合App要求的界面固然重要，但是也要将界面应用时的交互效果考虑进来。

从用户角度来说，交互设计是一种让产品易用、有效并且让人愉悦的技术，它致力于了解目标用户和他们的期望，了解目标用户在同产品交互时的行为，了解"人"本身的心理和行为特点。同时还了解各种有效的交互方式，并对它们进行增强和扩充。除此之外，交互设计还要了解多个学科，以及擅长和交互设计领域人员沟通。

如果说产品的UI设计是"形"，那么交互设计就是"法"，"形"与"法"相融合的关键就在于提升产品的用户体验。进行产品的交互设计时需要考虑的事情很多，不是随便在界面中放一些内容和控件那么简单的。

● 确定需要这个功能

当看到策划文案中的一个功能时，要确定该功能是否需要，有没有更好的形式将其融入其他功能，直至确定必须保留。

● 选择最好的表现形式

不同的表现形式直接影响用户与界面的交互效果。例如对于提问功能，必须使用文本框吗？单选列表框或下拉列表是否可行？是否可以使用滑块？

● 设定功能的大致轮廓

一个功能在界面中的位置、大小可以决定其内容是否被遮盖、是否滚动。这样既节省屏幕空间，又不会给用户带来输入前的心理压力。

● 选择适当的交互方式

针对不同的功能选择恰当的交互方式，有助于提升整个设计的品质。例如，一个文本框是否添加辅助输入和自动完成功能，数据采用何种对齐方式，选中文本框中的内容是否显示插入光标，这些内容都是交互设计要考虑的。

在本案例中，有两处做了交互设计，一处位于底部标签栏上的按钮，另一处位于"信息"界面中，如图6-143所示。

187

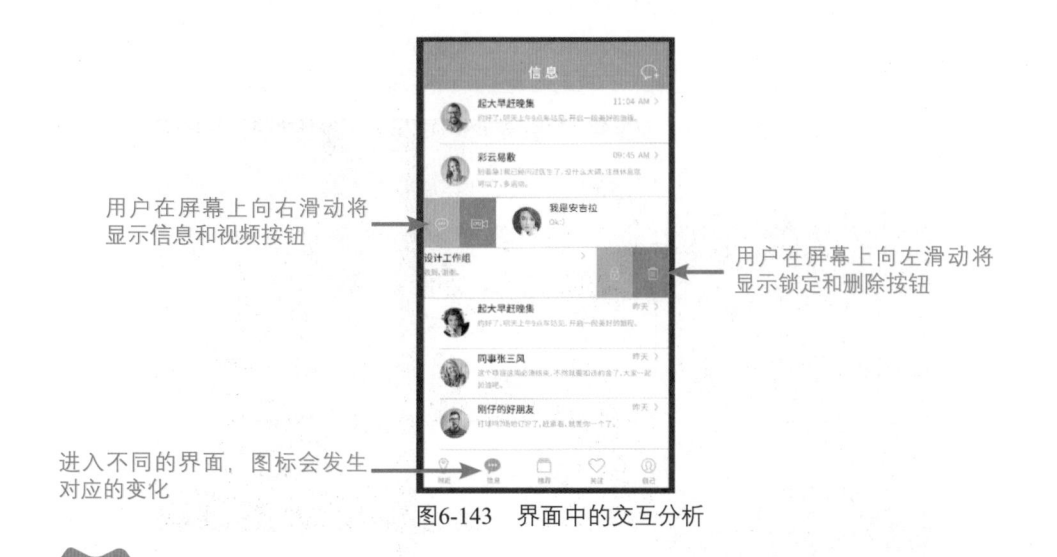

用户在屏幕上向右滑动将
显示信息和视频按钮

用户在屏幕上向左滑动将
显示锁定和删除按钮

进入不同的界面，图标会发生
对应的变化

图6-143　界面中的交互分析

实战练习 06　设计制作社交App "信息" 界面

视 频：资源包\视频\第6章\6-2-3.mp4　　源文件：资源包\源文件\第6章\6-2-3.psd

● 案例分析

本案例将完成社交App "信息" 界面的设计制作。该界面采用列表式布局的方式，方便向用户展示信息内容。同时使用了浅蓝色、深蓝色、橙色和红色作为辅助色，这些辅助色能够起到提醒用户的作用，如图6-144所示。

| # 00aeef | #0072bc | #ff8c00 | #e81123 |

图6-144　使用辅助色

本案例将该界面的交互操作效果也设计制作出来，方便开发人员的开发工作。界面效果及界面交互效果如图6-145所示。

图6-145　界面效果及界面交互效果

● 制作步骤

01 打开6-2-2.psd文件，单击 "画板2" 名称的位置，单击右侧的 ⊕ 图标，新建一个相同尺寸的画板，如图6-146所示。

图6-146 新建画板

02 将"画板2"中的导航栏和标签栏复制到"画板3"中，并修改文字内容，如图6-147所示。将素材图片"6226.png"拖入画板，调整图片的大小和位置，如图6-148所示。

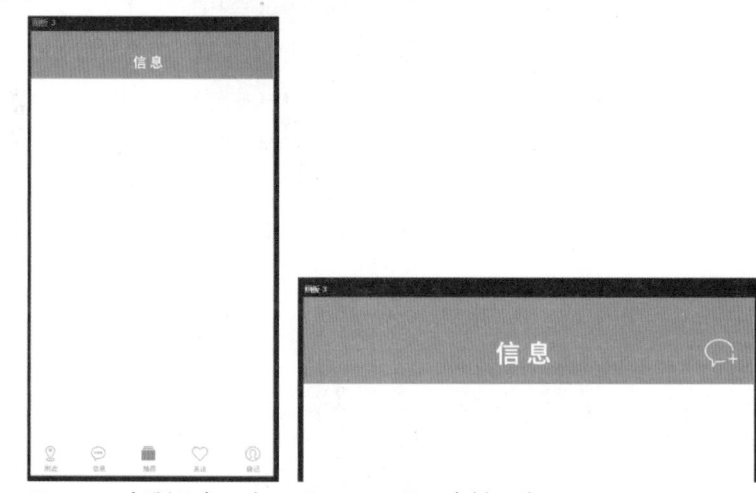

图6-147 复制共有元素 图6-148 导入素材图片

03 单击工具箱中的"画框工具"，在选项栏上选中"使用鼠标创建新的椭圆画框"按钮，如图6-149所示。在画板中绘制一个图6-150所示的圆形画框。

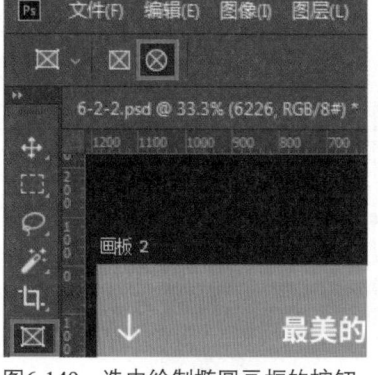

图6-149 选中绘制椭圆画框的按钮 图6-150 绘制圆形画框

04 将素材图片"6227.png"拖入图框，调整图片的大小和位置，如图6-151所示。使用"横排文字工具"在画板中输入文本，如图6-152所示。

图6-151　导入素材图片　　　　　　　图6-152　输入文本

05 使用"横排文字工具"输入文本，如图6-153所示，设置其文本颜色为#8f8f94。将素材图片"6234.png"拖入图框，调整图片的大小和位置，如图6-154所示。

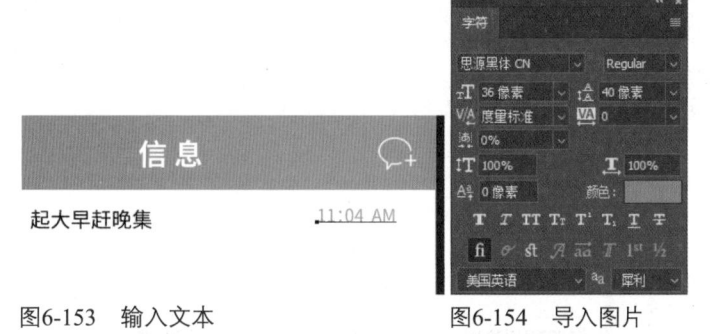

图6-153　输入文本　　　　　　　图6-154　导入图片

06 使用"横排文字工具"输入文本，如图6-155所示。使用"直线工具"绘制直线，如图6-156所示。

图6-155　输入文本　　　　　　　　　图6-156　绘制直线

07 在"图层"面板上新建一个名称为"列表"的图层组，将刚创建的图层拖入图层组，如图6-157所示。多次复制"列表"图层组，如图6-158所示。

图6-157　创建图层组　　图6-158　复制图层组

08 替换图框图片，修改文字内容，"信息"界面效果如图6-159所示。将第3个列表中的头像和文字向右侧移动，并将日期内容删除，如图6-160所示。

图6-159　修改界面内容　　图6-160　调整列表内容

09 使用"矩形工具"在界面中绘制一个160px×216px的矩形，设置其"填充"颜色为# 00aeef，如图6-161所示。复制矩形并修改"填充"颜色为# 0072bc，效果如图6-162所示。

图6-161　绘制矩形　　　　　　　图6-162　复制矩形并修改"填充颜色"

10 将素材图片"6235.png"和"6236.png"拖入画板，调整图片的大小和位置，如图6-163所示。将第4个列表中的头像和文字向左侧移动，并将日期内容删除。继续复制两个矩形，并分别修改"填充"颜色为# ff8c00和# e81123，效果如图6-164所示。

图6-163　导入素材图片　　　图6-164　复制两个矩形并修改"填充"颜色

11 将素材图片"6237.png"和"6238.png"拖入画板，调整图片的大小和位置，如图6-165所示。将素材图片"6240.png"拖入画板替换原来的图片素材，如图6-166所示。

图6-165　导入素材图片　　　图6-166　替换素材图片

12 将素材图片"6239.png"拖入画板替换原来的素材图片，如图6-167所示。执行"文件>保存"命令，将文件保存为6-2-3.psd文件，最终效果如图6-168所示。

图6-167　替换原来的素材图片　　图6-168　完成"信息"界面设计制作

在内容型文本中，文本行间距太窄容易造成阅读困难。通常行间距大约是字体间距的 1.2~1.5 倍，这样总体阅读会比较舒服。当行间距较大时，其本身可以作为分割内容的一种方式。

6.2.4　社交App界面标注和输出

由于面对的开发工程师不同，每个人也有不同的工作习惯，标注前要跟开发人员进行沟通，再进行标注工作。在正常情况下，需要标注的内容主要以界面上有的元素为主，包括常用尺寸、距离、字体和颜色等。需要注意的是，在iOS系统中标注时，字体单位使用PT；在Android系统中标注时，字体单位使用SP，距离单位使用DP。

● 图片

开发人员只需要定义出范围和位置就可以从后台调取不同的图片，因此在图片标注时只需要将图片的尺寸大小、左右上下的距离、特殊效果（圆角、阴影等）等尺寸标注出来就可以。如果有图片比例也应该标注出来，方便开发人员进行适配。

● 图标

大部分图标并不需要标注尺寸大小，因为无论是否标注，图标尺寸就是那么大，它不需要从后台调用，而需要放到界面上，所以图标标注原则就是图标的位置和状态，比如图标的正常状态和点击状态。当然标出图标尺寸也没有错，这样反而能够方便开发人员理解。

● 字体

字体标注原则就是字体样式（字型、粗细等）、字体大小、字体颜色、字体位置及特殊效果等。虽然看起来需要标注的内容很多，但是界面上的字体样式只有固定的几个，不会频繁改变，因此只要把常用的字体样式整理并标注就可以了。

● 颜色

颜色标注比较简单，跟字体标注一样，也可以通过规范整理出来，一般标注原则就是文字颜色、背景颜色、描边颜色和按钮颜色等，可以说凡是不一样的颜色都需要标注出来，除非颜色在图片或图标上，开发人员不用写出来。

● 距离

距离标注是标注里面的重中之重，如同平面设计中的版式、页面没有对齐，间距不正确，页面看起来不规整，都是因为没有标注好距离产生的问题。距离标注原则就是图片的距离，图标的距离，文字的距离，模块的距离等，无法肉眼识别的都需要把距离标注出来。

实战练习 07　输出和标注社交App界面

视　频：资源包\视频\第6章\6-2-4.mp4　　　源文件：资源包\源文件\第6章\6-2-4.psd

● 案例分析

完成社交App界面设计后，使用Cutterman将设计稿输出为开发人员能够使用的素材文件，使用Photoshop CC完成设计稿效果图的输出，使用PxCook完成设计稿的标注。将最终的素材文件、标注文件和效果图文件提供给开发人员即可。输出素材和标注文件如图6-169所示。

drawable-hdpi

drawable-mdpi

drawable-xhdpi

drawable-xxhdpi

drawable-xxxhdpi

图6-169　输出素材和标注文件

● 制作步骤

01 打开6-2-3.psd文件，如图6-170所示。执行"窗口>扩展功能>Cutterman-切图神器"命令，打开Cutterman面板，如图6-171所示。

图6-170　打开文件　　　　　　　　　图6-171　启动Cutterman

02 在"图层"面板中找到"画板 1",将不需要导出的文字、图片隐藏,只保留图标和按钮,如图6-172 所示。按下Ctrl键将需要导出的图层选中,如图6-173所示。

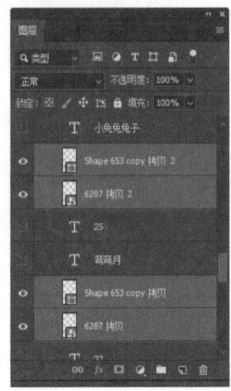

图6-172 隐藏不需要导出的图层　　图6-173 选中需要导出的图层

03 设置Cutterman面板中的各项参数,如图6-174所示。单击"导出选中图层"按钮,将选中的图层导出 为5种尺寸的素材,效果如图6-175所示。

图6-174 设置参数　　　图6-175 导出为5种尺寸素材

04 继续使用相同的方法将"画板 2"和"画板 3"中的素材导出,其中XXHDPI文件夹图片素材,如图6-176 所示。执行"文件>导出>导出为"命令,在弹出的"导出为"对话框中设置各项参数,如图6-177所示。

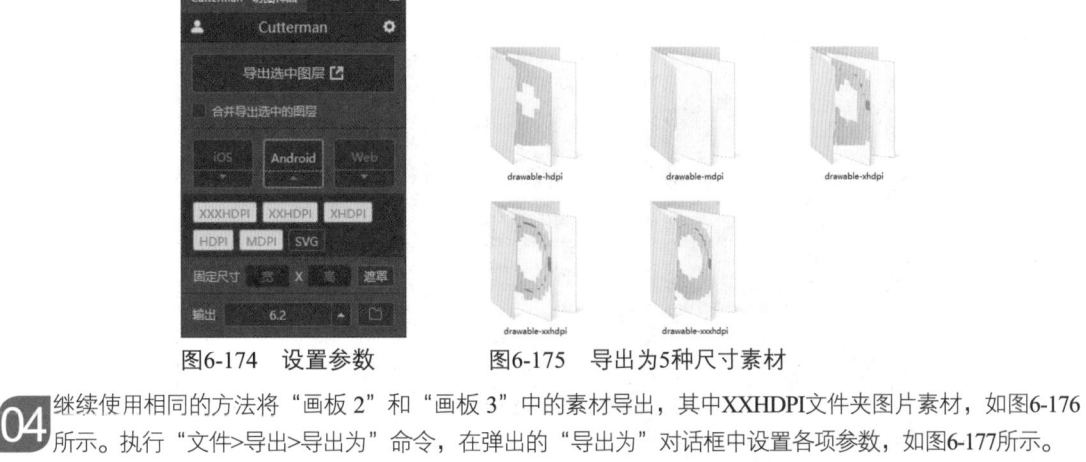

图6-176 XXHDPI文件夹图片素材　　　图6-177 设置各项参数

05 单击"全部导出"按钮,将画板导出,如图6-178所示。启动PxCook,将3个画板文件拖入该软件创 建Android本地项目,如图6-179所示。

drawable-hdpi

drawable-mdpi

drawable-xhdpi

drawable-xxhdpi

drawable-xxxhdpi

画板 1.png

画板 2.png

画板 3.png

图6-178　导出画板

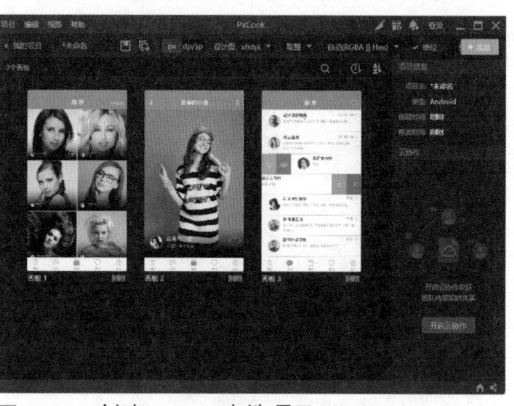

图6-179　创建Android本地项目

06 双击打开"画板 1"文件，使用"区域标注"工具将图片尺寸标注，如图6-180所示。继续使用相同的方法为其他元素添加区域标注，如图6-181所示。

图6-180　创建区域标注

图6-181　完成其他区域标注

07 使用"距离标注"工具对元素进行距离标注，如图6-182所示。继续使用相同的方法为其他元素添加距离标注，如图6-183所示。

图6-182　创建距离标注

图6-183　完成其他距离标注

08 继续使用相同的方法完成其他两个画板界面的标注，标注完成效果如图6-184所示。执行"项目>导出标注>全部画板"命令，将标注完成的画板导出，如图6-185所示。

图6-184　标注其他两个画板

图6-185　导出标注画板文件

> **提示**　标注完成后，依次创建"标注图"、"切图"、"效果图"和"源文件"文件夹，将对应的内容整理后，交付给开发人员即可。

6.3　本章小结

本章以Android系统界面设计规范为基础，分别完成了商城App和社交App的界面设计和制作。通过案例的制作，对Android系统中的色彩搭配和界面布局有了进一步的了解。帮助读者将第3章所学的内容应用到实际的App界面设计中，掌握App界面从设计到输出的全过程。